致力于绿色发展的城乡建设

乡村建设评价

全国市长研修学院系列培训教材编委会　编写

中国建筑工业出版社

图书在版编目（CIP）数据

乡村建设评价/全国市长研修学院系列培训教材编委会编写. —北京：中国建筑工业出版社，2023.10
（致力于绿色发展的城乡建设）
ISBN 978-7-112-28965-3

Ⅰ.①乡… Ⅱ.①全… Ⅲ.①城乡建设—评价—中国 Ⅳ.①TU984.2

中国国家版本馆CIP数据核字（2023）第143767号

责任编辑：咸大庆　费海玲　陈小娟
责任校对：党　蕾
校对整理：董　楠

致力于绿色发展的城乡建设
乡村建设评价
全国市长研修学院系列培训教材编委会　编写

*

中国建筑工业出版社出版、发行（北京海淀三里河路9号）
各地新华书店、建筑书店经销
北京锋尚制版有限公司制版
北京富诚彩色印刷有限公司印刷

*

开本：787毫米×1092毫米　1/16　印张：13　字数：205千字
2023年10月第一版　　2023年10月第一次印刷
定价：**88.00**元
ISBN 978-7-112-28965-3
（41620）

版权所有　翻印必究
如有内容及印装质量问题，请联系本社读者服务中心退换
电话：（010）58337283　　QQ：2885381756
（地址：北京海淀三里河路9号中国建筑工业出版社604室　邮政编码：100037）

全国市长研修学院系列培训教材编委会

主　　　　任：王蒙徽
副　主　　任：易　军　倪　虹　黄　艳　姜万荣
　　　　　　　常　青
秘　书　　长：潘　安
编　　　　委：周　岚　钟兴国　彭高峰　由　欣
　　　　　　　梁　勤　俞孔坚　李　郁　周鹤龙
　　　　　　　朱耀垠　陈　勇　叶浩文　李如生
　　　　　　　李晓龙　段广平　秦海翔　曹金彪
　　　　　　　田国民　张其光　张　毅　张小宏
　　　　　　　张学勤　卢英方　曲　琦　苏蕴山
　　　　　　　杨佳燕　朱长喜　江小群　邢海峰
　　　　　　　宋友春

组　织　单　位：中华人民共和国住房和城乡建设部
　　　　　　　　（编委会办公室设在全国市长研修学院）
办公室主任：宋友春（兼）
办公室副主任：陈　付　逄宗展

贯彻落实新发展理念
推动致力于绿色发展的城乡建设

习近平总书记高度重视生态文明建设和绿色发展，多次强调生态文明建设是关系中华民族永续发展的根本大计，我们要建设的现代化是人与自然和谐共生的现代化，要让良好生态环境成为人民生活的增长点、成为经济社会持续健康发展的支撑点、成为展现我国良好形象的发力点。生态环境问题归根结底是发展方式和生活方式问题，要从根本上解决生态环境问题，必须贯彻创新、协调、绿色、开放、共享的发展理念，加快形成节约资源和保护环境的空间格局、产业结构、生产方式、生活方式。推动形成绿色发展方式和生活方式是贯彻新发展理念的必然要求，是发展观的一场深刻革命。

中国古人早就认识到人与自然应当和谐共生，提出了"天人合一"的思想，强调人类要遵循自然规律，对自然要取之有度、用之有节。马克思指出"人是自然界的一部分"，恩格斯也强调"人本身是自然界的产物"。人类可以利用自然、改造自然，但归根结底是自然的一部分。无论从世界还是从中华民族的文明历史看，生态环境的变化直接影响文明的兴衰演替，我国古代一些地区也有过惨痛教训。我们必须继承和发展传统优秀文化的生态智慧，尊重自然，善待自然，实现中华民族的永续发展。

随着我国社会主要矛盾转化为人民日益增长的美好生活需要和不平衡不充分的发展之间的矛盾，人民群众对优美生态环境的需要已经成为这一矛盾的重要方面，广大人民群众热切期盼加快提高生态环境和人居环境质量。过去改革开放40年主要解决了"有没有"的问题，现在要着力解决"好不好"的问题；过去主要追求发展速度和规模，现在要更多地追求质量和效益；过去主要满足温饱等基本需要，现在要着力促进人的全面发展；过去发展方式重经济轻环境，现在要强调

"绿水青山就是金山银山"。我们要顺应新时代新形势新任务，积极回应人民群众所想、所盼、所急，坚持生态优先、绿色发展，满足人民日益增长的对美好生活的需要。

我们应该认识到，城乡建设是全面推动绿色发展的主要载体。城镇和乡村，是经济社会发展的物质空间，是人居环境的重要形态，是城乡生产和生活活动的空间载体。城乡建设不仅是物质空间建设活动，也是形成绿色发展方式和绿色生活方式的行动载体。当前我国城乡建设与实现"五位一体"总体布局的要求，存在着发展不平衡、不协调、不可持续等突出问题。一是整体性缺乏。城市规模扩张与产业发展不同步、与经济社会发展不协调、与资源环境承载力不适应；城市与乡村之间、城市与城市之间、城市与区域之间的发展协调性、共享性不足，城镇化质量不高。二是系统性不足。生态、生产、生活空间统筹不够，资源配置效率低下；城乡基础设施体系化程度低、效率不高，一些大城市"城市病"问题突出，严重制约了推动形成绿色发展方式和绿色生活方式。三是包容性不够。城乡建设"重物不重人"，忽视人与自然和谐共生、人与人和谐共进的关系，忽视城乡传统山水空间格局和历史文脉的保护与传承，城乡生态环境、人居环境、基础设施、公共服务等方面存在不少薄弱环节，不能适应人民群众对美好生活的需要，既制约了经济社会的可持续发展，又影响了人民群众安居乐业，人民群众的获得感、幸福感和安全感不够充实。因此，我们必须推动"致力于绿色发展的城乡建设"，建设美丽城镇和美丽乡村，支撑经济社会持续健康发展。

我们应该认识到，城乡建设是国民经济的重要组成部分，是全面推动绿色发展的重要战场。过去城乡建设工作重速度、轻质量，重规模、轻效益，重眼前、轻长远，形成了"大量建设、大量消耗、大量排放"的城乡建设方式。我国每年房屋新开工面积约 20 亿平方米，消耗的水泥、玻璃、钢材分别占全球总消耗量的 45%、40% 和 35%；建筑能源消费总量逐年上升，从 2000 年 2.88 亿吨标准煤，增长到 2017 年 9.6 亿吨标准煤，年均增长 7.4%，已占全国能源消费总量的 21%；北方地区集中采暖单位建筑面积实际能耗约 14.4 千克标准煤；每年产生的建筑垃圾已超过 20 亿吨，约占城市固体废弃物总量的40%；城市机动车排放污染日趋严重，已成为我国空气污染的重要来源。此外，房地产业和建筑业增加值约占GDP的13.5%，产业链条长，上下游关联度高，对高能耗、高排放的钢铁、建材、石化、有色、化工等产业有重要影响。因此，推动"致力于绿色发展的城乡建设"，转变城乡建设方式，推广适于绿色发展的新技术新材料新标准，建立相适应的建设和监管体制机制，对促进城乡经济结构变化、促进绿色增长、全面推动形成绿色发展方式具有十分重要的作用。

时代是出卷人，我们是答卷人。面对新时代新形势新任务，尤其是发展观的深刻革命和发展方式的深刻转变，在城乡建设领域重点突破、率先变革，推动形成绿色发展方式和生活方式，是我们责无旁贷的历史使命。

推动"致力于绿色发展的城乡建设"，走高质量发展新路，应当坚持六条基本原则。一是坚持人与自然和谐共生原则。尊重自然、顺应自然、保护自然，建设人与自然和谐共生的生命共同体。二是坚持整体与系统原则。统筹城镇和乡村建设，统筹规划、建设、管理三大环节，统筹地上、地下空间建设，不断提高城乡建设的整体性、系统性和生长性。三是坚持效率与均衡原则。提高城乡建设的资源、能源和生态效率，实现人口资源环境的均衡和经济社会生态效益的统一。四是坚持公平与包容原则。促进基础设施和基本公共服务的均等化，让建设成果更多更公平惠及全体人民，实现人与人的和谐发展。五是坚持传承与发展原则。在城乡建设中保护弘扬中华优秀传统文化，在继承中发展，彰显特色风貌，让居民望得见山、看得见水、记得住乡愁。六是坚持党的全面领导原则。把党的全面领导始终贯穿"致力于绿色发展的城乡建设"的各个领域和环节，为推动形成绿色发展方式和生活方式提供强大动力和坚强保障。

推动"致力于绿色发展的城乡建设"，关键在人。为帮助各级党委政府和城乡建设相关部门的工作人员深入学习领会习近平生态文明思想，更好地理解推动"致力于绿色发展的城乡建设"的初心和使命，我们组织专家编写了这套以"致力于绿色发展的城乡建设"为主题的教材。这套教材聚焦城乡建设的12个主要领域，分专题阐述了不同领域推动绿色发展的理念、方法和路径，以专业的视角、严谨的态度和科学的方法，从理论和实践两个维度阐述推动"致力于绿色发展的城乡建设"应当怎么看、怎么想、怎么干，力争系统地将绿色发展理念贯穿到城乡建设的各方面和全过程，既是一套干部学习培训教材，更是推动"致力于绿色发展的城乡建设"的顶层设计。

专题一：明日之绿色城市。面向新时代，满足人民日益增长的美好生活需要，建设人与自然和谐共生的生命共同体和人与人和谐相处的命运共同体，是推动致力于绿色发展的城市建设的根本目的。该专题剖析了"城市病"问题及其成因，指出原有城市开发建设模式不可持续、亟须转型，在继承、发展中国传统文化和西方人文思想追求美好城市的理论和实践基础上，提出建设明日之绿色城市的目标要求、理论框架和基本路径。

专题二：绿色增长与城乡建设。绿色增长是不以牺牲资源环境为代价的经济增长，是绿色发展的基础。该专题阐述了我国城乡建设转变粗放的发展方式、推动绿色增长的必要性和迫切性，介绍了促进绿色增长的城乡建设路径，并提出基于绿色增长的城市体检指标体系。

专题三：城市与自然生态。自然生态是城市的命脉所在。该专题着眼于如何构建和谐共生的城市与自然生态关系，详细分析了当代城市与自然关系面临的困境与挑战，系统阐述了建设与自然和谐共生的城市需要采取的理念、行动和策略。

专题四：区域与城市群竞争力。在全球化大背景下，提高我国城市的全球竞争力，要从区域与城市群层面入手。该专题着眼于增强区域与城市群的国际竞争力，分析了致力于绿色发展的区域与城市群特征，介绍了如何建设具有竞争力的区域与城市群，以及如何从绿色发展角度衡量和提高区域与城市群竞争力。

专题五：城乡协调发展与乡村建设。绿色发展是推动城乡协调发展的重要途径。该专题分析了我国城乡关系的巨变和乡村治理、发展面临的严峻挑战,指出要通过"三个三"(即促进一二三产业融合发展,统筹县城、中心镇、行政村三级公共服务设施布局,建立政府、社会、村民三方共建共治共享机制),推进以县域为基本单元就地城镇化,走中国特色新型城镇化道路。

专题六:城市密度与强度。城市密度与强度直接影响城市经济发展效益和人民生活的舒适度,是城市绿色发展的重要指标。该专题阐述了密度与强度的基本概念,分析了影响城市密度与强度的因素,结合案例提出了确定城市、街区和建筑群密度与强度的原则和方法。

专题七:城乡基础设施效率与体系化。基础设施是推动形成绿色发展方式和生活方式的重要基础和关键支撑。该专题阐述了基础设施生态效率、使用效率和运行效率的基本概念和评价方法,指出体系化是提升基础设施效率的重要方式,绿色、智能、协同、安全是基础设施体系化的基本要求。

专题八:绿色建造与转型发展。绿色建造是推动形成绿色发展方式的重要领域。该专题深入剖析了当前建造各个环节存在的突出问题,阐述了绿色建造的基本概念,分析了绿色建造和绿色发展的关系,介绍了如何大力开展绿色建造,以及如何推动绿色建造的实施原则和方法。

专题九:城市文化与城市设计。生态、文化和人是城市设计的关键要素。该专题聚焦提高公共空间品质、塑造美好人居环境,指出城市设计必须坚持尊重自然、顺应自然、保护自然,坚持以人民为中心,坚持以文化为导向,正确处理人和自然、人和文化、人和空间的关系。

专题十:统筹规划与规划统筹。科学规划是城乡绿色发展的前提和保障。该专题重点介绍了规划的定义和主要内容,指出规划既是目标,也是手段;既要注重结果,也要注重过程。提出要通过统筹规划构建"一张蓝图",用规划统筹实施"一张蓝图"。

专题十一：美好环境与幸福生活共同缔造。美好环境与幸福生活共同缔造，是促进人与自然和谐相处、人与人和谐相处，构建共建共治共享的社会治理格局的重要工作载体。该专题阐述了在城乡人居环境建设和整治中开展"美好环境与幸福生活共同缔造"活动的基本原则和方式方法，指出"共同缔造"既是目的，也是手段；既是认识论，也是方法论。

专题十二：政府调控与市场作用。推动"致力于绿色发展的城乡建设"，必须处理好政府和市场的关系，以更好发挥政府作用，使市场在资源配置中起决定性作用。该专题分析了市场主体在"致力于绿色发展的城乡建设"中的关键角色和重要作用，强调政府要搭建服务和监管平台，激发市场活力，弥补市场失灵，推动城市转型、产业转型和社会转型。

绿色发展是理念，更是实践；需要坐而谋，更需起而行。我们必须坚持以习近平新时代中国特色社会主义思想为指导，坚持以人民为中心的发展思想，坚持和贯彻新发展理念，坚持生态优先、绿色发展的城乡高质量发展新路，推动"致力于绿色发展的城乡建设"，满足人民群众对美好环境与幸福生活的向往，促进经济社会持续健康发展，让中华大地天更蓝、山更绿、水更清、城乡更美丽。

王蒙徽

2019 年 4 月 16 日

前言

　　党的十九届五中全会提出实施乡村建设行动，把乡村建设摆在了社会主义现代化建设的重要位置。党的二十大报告进一步提出全面推进乡村振兴，强调建设宜居宜业和美乡村。乡村建设行动充分反映了亿万农民对建设美丽家园、过上美好生活的愿景和期盼。当前我国处于向第二个百年奋斗目标迈进的历史关口，面临着巩固脱贫攻坚成果的发展要求，又担当着加快乡村振兴的使命，同时肩负着实现碳达峰与碳中和的重任。乡村建设是实施乡村振兴战略的重要任务，是建设宜居宜业和美乡村、推动实现碳达峰与碳中和目标的重要手段。通过开展乡村建设评价，让乡村建设和我国项目治理与考评激励体系结合，建立以评促建的工作闭环体系，推动致力于绿色发展的乡村建设，成为这一历史背景下的重要工作方法。

　　乡村是有别于城市地域的复杂系统，其特有的自然生态系统、地域文化传统、生产生活方式、治理体系等造就了乡村建设不同于城市建设的内在逻辑性。乡村在支撑中国城市化的快速平稳发展中发挥着重要作用，农村人口在城乡之间"可进可退"的流动是中国城市化的底色。但是当前乡村建设简单套用城市做法，对建设、管理、运行的统筹不足，脱离了人民群众的诉求，导致乡村建设存在城市化、景观化的误区，群众满意度不高。

　　致力于绿色发展的乡村建设评价是以习近平新时代中国特色社会主义思想为指导，通过建立一套以农房为核心、以县一镇一村为评价对象、以县域为基本单元的评价体系，旨在全面掌握乡村建设状况和水平，深入查找乡村建设中存在的问题和短板，提出有针对性的建议，帮助各地顺应乡村发展规律推进乡村建设，从而缩小城乡差距。乡村建设评价指标体系的构建聚焦农民群众普遍关注的问题，坚持问题导向、目标导向和结果导向的原则；在充分考虑指标的科学性、客观性、可行性的基础上，构建了一套关注民生、可感知的指标体系，涵盖发展水平、农房建设、村庄建设和县城建设等评价维度。

乡村建设评价工作以省为组织单元，以县为基本评价单元，以第三方专家团队为评价主体，建立了自上而下、纵向到底的工作组织模式。为了解决乡村地区统计数据相对匮乏、数据采集成本高等难题，乡村建设评价构建了"图数结合"的数据采集体系，包括地方统计数据、问卷调查数据和遥感影像、村景照片等。通过多源数据的搜集、分析和识别，能够协助地方政府部门从面上了解乡村建设的水平和问题，从微观角度分析问题产生的原因，在摸清底数基础上形成针对性的项目。

住房和城乡建设部连续三年在全国28个省份选取样本县开展乡村建设评价工作，基本掌握了我国乡村建设的总体水平，引导地方建立"开展评价、查找问题、推动解决"的评价工作机制。实践证明，乡村建设评价能够有效发现城乡差距和问题；全国各地积极应用评价成果，通过政策引导、社会动员、制度创新、项目驱动和示范带动等不同方式，统筹县域职能部门推动解决问题，合理有序开展各项建设行动，推动乡村建设取得积极进展。

全书共七章，第一章介绍了实施乡村建设行动和开展乡村建设评价的背景，分析当前乡村建设存在的问题，指出要以乡村建设评价推动城乡建设绿色发展。第二章阐述了我国乡村发展的特点、乡村建设和城市建设存在的差异，并指出乡村建设评价要顺应乡村发展规律。第三章在分析国际案例基础上，阐述了乡村建设评价指标体系构建的原则、评价内容和分析方法。第四章介绍了乡村建设评价的工作体系，需要协调省、市、县和第三方评价团队开展工作，建立工作闭环，推动评价成果应用。第五章介绍了建立乡村评价数据采集体系的意义、内涵和支撑平台。第六章总结了乡村建设评价的历程，并介绍了2022年全国乡村建设评价报告的主要内容。第七章对全国各地应用评价成果的经验进行了梳理。

本书以推动乡村建设绿色发展为目标，从乡村建设规律延伸到评价指标体系、数据采集体系和工作组织方式，辅以各地典型的实践案例，旨在为乡村振兴领域的实践者和管理者提供理念和方法的启发；帮助各地更好地顺应乡村发展规律，提高乡村建设与投资的效率，为建设宜居宜业和美乡村提供参考。

目录

01 实施乡村建设行动和乡村建设评价 … 1

1.1 背景 … 2
1.2 我国乡村建设的历程 … 4
1.3 当前乡村建设存在的问题 … 6
1.4 以乡村建设评价推动城乡建设绿色发展 … 10

02 致力于绿色发展的乡村建设规律 … 19

2.1 尊重乡村发展规律是开展乡村建设评价的前提 … 20
2.2 县域城镇化是中国城市化区别于西方的重要体现 … 26
2.3 以县域为单元开展乡村建设评价 … 33

03 乡村建设评价指标体系的构建 … 43

3.1 乡村评价体系国际案例借鉴 … 44
3.2 构建致力于绿色发展的乡村建设评价指标体系 … 52

04 乡村建设评价的工作体系 … 69

4.1 组织方式 … 70
4.2 建立工作闭环 … 74
4.3 实地调研的重点 … 76
4.4 评价报告撰写的要点 … 82

05 乡村建设评价的数据采集体系 ········· 87

5.1 建立乡村数据采集体系的意义 ········· 88
5.2 图数结合的乡村数据采集体系 ········· 89
5.3 "村景拍拍"众包平台 ········· 102
5.4 乡村建设评价信息系统 ········· 103

06 乡村建设评价实践与成果 ········· 107

6.1 乡村建设评价历程 ········· 108
6.2 2022年全国乡村建设评价主要结论 ········· 112

07 乡村建设评价成果应用案例 ········· 127

7.1 全国各地评价成果应用总结 ········· 128
7.2 样本县成果应用模式总结 ········· 132

附录 ········· 147

参考文献 ········· 190

后记 ········· 194

01

实施乡村建设行动和乡村建设评价

● 本章阐述了乡村建设评价工作开展的背景以及中央对乡村建设评价的政策要求，简介了我国乡村建设的历程。乡村建设在我国各个发展时期都极具重要性，是各个时期国家实现转型和发展的重要抓手。然而，现阶段乡村建设存在着简单套用城市做法、缺乏统筹以及村民参与度不高等主要问题，这些问题不利于推动城乡建设的绿色发展。因此，本章提出以乡村建设评价推动城乡绿色发展四方面的做法：构建致力于绿色发展的乡村建设评价内涵；以乡村建设评价改善项目下乡困境；以目标管理和考核激励体系推进乡村建设；以评促建，建立乡村建设的完整闭环。

1.1 背景

乡村建设是实施乡村振兴战略的重要任务，是建设宜居宜业和美乡村的重要手段。习近平总书记指出，全面建设社会主义现代化国家，实现中华民族伟大复兴，最艰巨最繁重的任务依然在农村，最广泛最深厚的基础依然在农村。党的十九届五中全会首次提出实施乡村建设行动，把乡村建设作为"十四五"时期全面推进乡村振兴的重点任务，摆在了社会主义现代化建设的重要位置。党的二十大报告进一步提出全面推进乡村振兴，强调建设宜居宜业和美乡村，一以贯之地体现了党对乡村建设规律的深刻把握，充分反映了亿万农民对建设美丽家园、过上美好生活的愿景和期盼。

实施乡村建设行动是让农民就地过上现代化生活的重要抓手，是巩固脱贫攻坚伟大成果的重要举措。2020年12月，习近平总书记在中央农村工作会议上强调，实施乡村建设行动，继续把公共基础设施建设的重点放在农村，在推进城乡基本公共服务均等化上持续发力，注重加强普惠性、兜底性、基础性民生建设。乡村建设在保障贫困村农房安全的同时，同步建设供气、供电、垃圾处理、污水处理、广播电视及通信基站等配套设施，保障农民在水、电、气、通信、厕所等方面的基本生活条件。同时，根据聚集人口规模和实际需求，配建公交站点、商业街、大舞台、文体广场等服务设施，确保农民出行便捷、居住舒适、生活便利。2021年12月，中共中央办公厅、国务院办公厅印发《农村人居环境整治提升五年行动方案（2021—2025年）》，以农村厕所革命、生活污水垃圾治理、村容村貌提升为重点，巩固拓展农村人居环境整治三年行动成果，全面提升农村人居环境质量。人居环境整治行动在宜居方面扭转了农村长期以来存在的脏乱差局面，村庄环境基本实现干净整洁有序，农民群众环境卫生观念发生可喜变化、生活质量普遍提高，为全面建成小康社会提供了有力支撑。2022年5月，中共中央办公厅、国务院办公厅印发《乡村建设行动实施方案》，明确乡村建设的重点任务和目标。在 2022 年中央农村工作会议上，习近平总书记强调农村现代化是建设农业强国的内在要求和必要条件，要瞄准"农村基本具备现代生活条件"的目标，组织实施好乡村建设行动，提高乡村基础设施完备度、公共服务便利度、人居环境舒适度，让农民就地过上现代文明生活。

乡村地区是国家实现绿色低碳发展的重要战场。2020 年 12 月，中央经济工作会议确定了"我国二氧化碳排放力争 2030 年前达到峰值，力争 2060 年前实现碳中和"的目标，并将"做好碳达峰、碳中和工作"列为 2021 年八项重点任务之一。传统城乡建设活动具有高消耗、高排放的特点，是碳排放的主要来源。相关数据显示，2018 年全国建筑全过程碳排放总量为 49.3 亿 t，占全国碳排放比重的 51.3%。目前中国仍有 44% 的建筑（约 270 亿 m^2）在农村，这些建筑通常设备简陋，能源利用效率低，几乎没有采用节能和减排设计，导致碳排放增加和更广域范围内的温室效应。因此，乡村地区的碳排放在我国的碳排放中占有重要地位，通过开展乡村建设评价引导乡村形成绿色发展方式，是推动我国实现碳达峰和碳中和目标的重要内容。

通过开展乡村建设评价保障乡村建设有序实施，引导乡村实现绿色发展。2021 年 1 月 6 日，时任住房和城乡建设部部长王蒙徽接受新华社记者采访时提到，要全面开展乡村建设评价工作，深入查找存在的突出问题，加快补齐短板。2022 年，中共中央办公厅、国务院办公厅印发的《乡村建设行动实施方案》明确指出"实施乡村建设评价，查找和解决乡村建设中的短板和问题"。为保障乡村建设评价工作有序开展，住房和城乡建设部在 2021 年和 2022 年连续开展全国乡村建设评价工作，把乡村建设评价作为推进实施乡村建设行动的重要抓手，以县域为单元开展评价，全面掌握乡村建设状况和水平，深入查找乡村建设中存在的问题和短板，提出有针对性的建议，帮助各地顺应乡村发展规律推进乡村建设，提高乡村建设水平，缩小城乡差距，不断增强人民群众获得感、幸福感、安全感。

1.2 我国乡村建设的历程

历史上，乡村建设在国家实现转型发展过程中都起到了重要作用。在不同的历史时期，我国面临着不同的时代背景和任务，而乡村建设一直是国家实现转型和发展的重要抓手。了解清楚乡村建设对国家发展的作用，有利于深刻认识以乡村建设评价推动乡村建设实施的重要意义。

20世纪30年代，为改变农村面对现代化发展所出现的无力和衰败的局面[1,2]，晏阳初、梁漱溟、陶行知等知识分子加入振兴农村运动，揭起了我国近代历史上第一次乡村建设高潮[3]。其中比较著名的运动有晏阳初的河北"定县实验"，梁漱溟在邹平进行的"乡村建设实验"，以及陶行知在南京、无锡等地开展的"乡村教育运动"。这一时期的乡村建设以"启迪民智"为核心，主张在保持现有社会关系的前提下，通过乡村建设实现国家现代化[4]，通过发展教育、改善公共卫生、倡导合作和移风易俗等举措，在内忧外患下实现"救民"和"救国"主张[5]。

20世纪50年代，中华人民共和国在中国共产党领导下开展了全国性的乡村建设，结合乡村社会主义改造实验，国家调派了大量专业团队建设农村，通过国家行政与资本力量组织专业人员介入乡村建设，满足人民公社建设与发展需求。这一时期开展的建设以服务农业生产、集体生活为主，包括水利设施建设、基础教育制度和医疗制度建设等，提高了农村地区公共服务水平。乡村地区被视为城市的生产腹地，乡村建设内容核心是提高农业生产的效率，从而为城市提供农业剩余。这一阶段中，乡村建设与国家政权建设高度一致，并支撑国家工业化和城市化建设，但也为城乡二元结构的形成和后来的"三农"问题埋下伏笔[6]。

改革开放后，中国开始从计划经济走向市场经济，在农村率先改革，出现家庭联产承包责任制，释放劳动力的积极性并提升生产效率，社会变革所激发的自发性乡村建设成为这一时期的典型特征[7]。

---

1 王春光. 乡村建设与全面小康社会的实践逻辑[J]. 中国社会科学, 2020 (10): 24.

2 郑大华. 民国乡村建设运动研究[M]. 北京: 社会科学文献出版社, 2000.

3 萧子扬. 迈向2035的乡村建设行动: 何谓、为何与何为？——基于百年乡村建设连续统的视角[J/OL]. 农林经济管理学报: 1-9 [2021].

4 王伟强, 丁国胜. 中国乡村建设实验演变及其特征考察[J]. 城市规划学刊, 2010 (2): 79-85.

5 潘家恩, 温铁军. 三个"百年": 中国乡村建设的脉络与展开[J]. 开放时代, 2016 (4): 126-145.

6 王先明, 熊亚平. 近代中国乡村建设思想的释义问题[J]. 南京社会科学, 2016 (4): 6.

7 段德罡, 谢留莎, 陈炼. 我国乡村建设的演进与发展[J]. 西部人居环境学刊, 2021, 36 (1): 9.

大量劳动力外流到城市务工，显著增加了家庭收入，普遍把务工收入用于农房建设。此时在集体化时期被抑制的改善居住条件的需求集中爆发，乡村建设中出现了大规模自发建房的热潮，建工部也组织专业技术人员下乡指导农民建设农房，以改善农民居住条件，引导农民合理建房[1]。但在进入20世纪90年代后期，随着分税制改革和城乡户籍制度的调整，大量农村劳动力进城务工，城乡差距不断扩大，生产力和经济水平的衰退导致乡村建设开始停滞，出现了空心村、乡村衰败等社会问题。

从2003年至今，中央一号文件持续关注"三农"问题，国家高度重视乡村发展，开展以社会主义新农村建设为代表的乡村建设实践[2]。国家对乡村整体采取"多予少取"的态度，并通过实施"村村通"工程、免费"义务教育"建设、新型合作医疗建设等，提高对乡村地区的财政投入与公共服务覆盖，旨在重新将城市与农村有机整合在一起[3]。免征农业税后乡镇财政紧张，依靠村集体实现农村公共品自我供给困难重重，因此国家将公共财政与公共物品的理念进一步延伸到乡村地区，通过乡村建设介入农村地区提供公共品[4]。国家具备城乡统筹发展的经济实力，此时的社会主义新农村建设更加注重全面，同时出现乡村建设力量多元化的趋势[5]。但也有不少地方出现了"样本工程""形象工程"和"政绩工程"等现象，把新农村建设视为一项运动，违背了乡村建设的客观规律[6]。

以党的十八大为分水岭，2013年至今的中央一号文件对于乡村建设的重视程度不断提高。2013年中央一号文件提出了建设"美丽乡村"的奋斗目标，农业部在全国启动"美丽乡村"建设活动。以浙江"安吉模式"为样本，各地涌现出不同建设模式的美丽乡村，有学者将其建设模式概括为以生态环境和历史文化保护为抓手，发展特色产业，带动村民致富和人居环境质量提升[7]。2017年国家提出乡村振兴战略，使城市反哺农村与乡村建设进入新的时期。党的十九届五中全会提出"实施乡村建设行动，把乡村建设摆在社会主义现代化建设的重要位置"。"乡村建设行动"首次被写入我国中央文件，要求围绕村

1 叶露，黄一如. 设计再下乡改革开放初期乡建考察（1978-1994）[J]. 建筑学报，2016（11）：6.

2 王先明，熊亚平. 近代中国乡村建设思想的释义问题[J]. 南京社会科学，2016（4）：6.

3 丁国胜，王伟强. 现代国家建构视野下乡村建设变迁特征考察[J]. 城市发展研究，2014，21（10）：107-113.

4 徐勇. "回归国家"与现代国家的建构[J]. 东南学术，2006（4）：18-27.

5 王伟强，丁国胜. 中国乡村建设实验演变及其特征考察[J]. 城市规划学刊，2010（2）：79-85.

6 贺聪志，李玉勤. 社会主义新农村建设研究综述[J]. 农业经济问题，2006（10）：67-73.

7 吴理财. 基层干群眼中的美丽乡村建设：安吉、永嘉、高淳三县区问卷调查[J]. 党政干部学刊，2014（7）：9.

庄规划、农房、村庄公共基础设施、农村人居环境、县域综合服务等方面提升乡村宜居宜业水平，在推动实施乡村振兴战略的同时，开启了我国百年乡村建设的新阶段。"建设宜居宜业和美乡村"是党的二十大提出的战略任务，宜居宜业和美乡村的内涵是全方位、多层次的，从内到外，由表及里，塑形铸魂，涵盖物质文明和精神文明各个领域，既包括"物"的现代化，也包括"人"的现代化，还包括乡村治理体系和治理能力的现代化，体现了乡村建设从形到神的更高要求，体现了生产、生态、生活、人文的高度统一。总体上看，现阶段我国乡村建设的内涵愈发丰富，是支撑国家发展的重要载体。

1.3 当前乡村建设存在的问题

党的十八大以来，党中央坚持把解决好"三农"问题作为全党工作的重中之重，坚持农业农村优先发展。经过脱贫攻坚，农村居民生活水平不断提高，农村居民人均可支配收入在2019年突破1.6万元，提前一年比2010年翻一番，增速连续10年高于城镇居民，城乡居民收入差距持续缩小，由2015年的2.73∶1缩小到2019年的2.64∶1。但从目前发展情况来看，乡村与城市的建设水平仍然存在较大差距，乡村建设仍然存在较多问题，集中体现在以下三个方面。

1.3.1 简单套用城市做法，导致乡村建设城市化、规模化、景观化

中国当前约有240多万个自然村落，村庄规模普遍较小，布局相对分散，与当地的气候特征、地形地貌和自然肌理结合紧密，融合在山水林田湖草中，形成了分散而又完整的聚落，加上村庄内部紧密的

血缘关系和地缘关系，造就了乡村特有的自然生态系统、地域文化传统、生产生活方式、社会治理体系，也造就了乡村不同于城市的建设方式。但现阶段我国的乡村建设普遍存在简单套用城市建设模式的问题，导致乡村建设的城市化、规模化和景观化，存在见物不见人的现象，具体问题如下：

乡村建设与地方特色脱节。在乡村建设实践中，普遍存在套用简单的、标准化的方案开展规划建设，导致对地方本土风貌特色挖掘不足，不仅造成部分村庄建设与自身特色脱节，更破坏了乡村原有的"生态平衡"，致使其陷入"千篇一律""千村一面"的窘境。例如，简单沿用徽派、西南民居风格，模仿明星村的风格，没有挖掘自身在山水格局、历史人文等方面的独特性；在风貌改造中照搬城市设计手法，建设过程中存在建大亭子、大牌坊、大公园、大广场等"形象工程"，脱离实际；过度建设破坏乡土风貌和自然生态，存在推山削坡、填塘以及溪流、沟渠等驳岸硬化过度等行为。

乡村建设与群众需求脱节。乡村建设没有能够满足农村居民对于现代化生活的需求，主要体现在农房建设和村庄公共基础设施建设两个方面。在农房建设方面，现阶段我国农房的居住条件尚未能够满足村民对于现代化生活的需求，卫生厕所、独立厨房、热水淋浴设施等现代化生活设施的配套率不高，住房条件不够舒适。农村人口的大量外流也导致部分农房因长期空置缺乏维护而存在倒塌的风险，部分在住农房也存在一定的安全隐患。在村庄公共基础设施建设方面，由于乡村人口密度低，难以实现城市的规模效应，导致许多集中式建设的项目成本高且运行效果不佳。村庄公共基础设施建设与农房建设之间没有能够实现有效衔接的现象也较为普遍，例如在村内修建了独立污水处理设施，但是并没有配套建设污水管网，农户排放的污水依然没有得到有效处理。

在县城建设方面，模仿城市的以地产为导向的开发建设模式不可持续。县城用传统的房地产开发模式导致用地规模快速增长，粗放式的建设模式造成土地和资源的浪费，土地集约度不高，难以形成绿色低碳、可持续的建设发展。快速的房地产建设也会导致人口快速向县城集中，但公共服务配套设施建设的滞后导致居民对于现代化生活的需求难以得到满足。受城市建设模式的影响，在县城建设中复制宽马路、大广场、高层住宅等大城市景观，对县城的视线通廊、通风廊道等造成了不同程度的阻挡，甚至还出现挖山填湖、破坏水系等现象，破坏了既有的山水格局，又对生态环境造成了难以复原的影响，导致县城应有的人性化尺度、亲切宜人的居住环境日渐消失。

1.3.2 乡村建设缺乏统筹，建设与管理脱节

乡村建设是一项庞大的系统工程，涉及项目管理及实施、乡村规划、环境治理、基础设施、文教卫生等多个行业和农业农村、发改、交通、住建、自然资源等多个部门。项目本身的多目标性以及不同部门之间各自为政的现象也导致多主体信息不共享、多要素之间不协同、多时序不对应、多部门相互"打架"等问题普遍存在。在开展乡村建设的实践过程中，各个部门受限于自身经验和技术力量支持，只能从自身职能职责的角度去发挥作用，会导致项目的建设和管理出现脱节，项目建设的成果难以保证。例如，地方政府在村庄污水处理设施建设完成后并没有明确负责设施运维的职能部门，也没有建立相应的管护机制和提供管护资金，导致村庄污水处理设施因缺乏管护技术和资金而"晒太阳"。部分村庄只建污水处理厂而没有配套管网，污水处理厂既没有连通到户，也不纳入污水主管，实际服务能力较低。污水处理设施运行成本较高，村集体难以负担，村民不愿出钱。

在项目资源竞争驱动下，企业也被纳入政府项目制治理体系之中，成为乡村投融资的主体。但在市场经济运行逻辑下，由于乡村的分散性导致项目制难以发挥集聚效应实现盈利，企业往往只重视前期设施建设，热衷于获取一次性建设带来的收益。企业通过政府购买方式参与乡村项目建设，往往只重视前期设施建设，而对于后

期成本较高的运营和管护环节投入较少，造成农村基础设施建成后的运行率或使用率不高的问题。

1.3.3　乡村建设中政府大包大揽，村民参与度不高

农村居民在乡村建设中的主体性地位没有得到有效发挥。一是年轻劳动力多外流，常住本地的人口老龄化。伴随乡村地区人口外流，常住本地的人口以老年人和孩童为主，年轻劳动力相对缺乏。2022年全国乡村建设评价调查显示，村庄人口高度空心化比例为20.3%，较上一年度增加7.3个百分点，村庄空心化加剧。二是在外乡贤参与乡村建设的渠道缺乏。在外的乡贤往往缺乏参与乡村建设的途径与平台，导致当前在全面推进乡村振兴中村民作为核心主体的地位缺失。三是村集体的组织和动员能力在弱化。集体土地所有制的制度优势需要依靠村集体与村民发挥作用，村集体力量弱化会影响到村庄基础设施、基本公共服务等的正常管护与运行。

现阶段我国的乡村建设以政府大包大揽的建设模式为主，长期来看不具有可持续性。一方面，乡村建设的配套资金通过项目制的方式，由县级政府发包、企业参与、镇一级政府协调落实。政府主导、大包大揽、自上而下的实施机制使村民对参与乡村建设的积极性不高，普遍存在"等、靠、要"的现象。另一方面，政府主导的乡村建设缺乏村民参与，容易导致财政专项计划指导下的乡村建设与农民实际需求不匹配，导致投入资金大但使用效率低。村一级政府和村民主体性缺位，往往出现建设项目与村庄主体及其需求发生错位的问题。乡村集体所有制决定了乡村建设和管护无法仅仅由国家和政府完成，而项目制下服务对象（村民和村集体）在购买决策中参与度不高，在监督和评估中缺乏表达渠道，导致项目使用效果不佳。在这样的背景下，乡村建设往往忽略了设施建成后主要的使用主体——村民的诉求，因而往往建设与村民需求不相符合，导致项目建成后，村民对项目的认可度低，项目的使用率较低。再加上后期管护不到位，容易导

致已建成设施闲置的问题。

此外，在以项目制为代表的政府大包大揽的乡村建设方式下，也导致资金和资源过度集中在"示范村"和"薄弱村"的问题，出现了"抓两头"的现象。"示范村"和"薄弱村"代表了处于富裕和贫困两种状态的村庄，这两种类型的村庄往往对项目资金较为依赖，富裕村借助项目锦上添花"办大事""搞创新""争标杆"，而贫困村通过项目资金"找活路""添设施""治脏乱"。这两种村庄往往能够反映出地方政府的执政效果，在项目下乡的过程中往往也较容易获得青睐。但是，这样的结果导致"示范村"和"薄弱村"越建越好的表象，而这些村庄的建设模式对项目资金存在很大的依赖，不适合在所有村庄进行推广。

专栏："精英俘获"导致项目进村脱离实际运作主体

"精英俘获"（Elite Capture）的概念最早应用于经济学领域，后被拓展到政治学、管理学等领域，主要是指地方精英群体对公共资源的占有或操控的行为。

"精英俘获"指的是由于项目在制度上存在缺陷，或者缺乏上级部门的政绩考量，下乡的项目被具有信息优势、经济资源优势的村社精英垄断，导致建设项目出现了只满足了少部分精英利益，而没有满足广大群众需求的局面。这进一步加剧了村庄分化、草根失语的现象。

1.4 以乡村建设评价推动城乡建设绿色发展

1.4.1 致力于绿色发展的乡村建设评价的内涵

党和国家高度重视生态文明建设和绿色发展，习近平总书记指出，实施乡村振兴战略，一个重要任务就是推行绿色发展方式和生活方式，要坚持人与自然和谐共生，走乡村绿色发展之路。党的二十大报告进一步指出，推动绿色发展，促进人与自然和谐共生，必须牢固树立和践行"绿水青山就是金山银山"的理念，站在人与自然和谐共生的高度谋划发展。在党和国家重视绿色发展的背景下，乡村建设也在承担着推动绿色发展的相关任务，需要通过开展乡村建设评价推动致力于绿色发展的乡村建设。

致力于绿色发展的乡村建设评价是以习近平新时代中国特色社会主义思想为指导，立足乡村发展规律构建乡村建设评价体系；通过建立部门访谈、问卷调查、大数据分析、实地调研相结合的工作方法，以县域为单元全面系统评估乡村建设现状，从而评价各地建设成效，查找存在的问题和突出短板，推进致力于绿色发展的乡村建设行动。

乡村建设评价需要尊重中国乡村的发展过程和规律，构建出适合乡村发展的评价体系，推动更有序、绿色的乡村建设行为。改革开放后，乡村作为中国快速城市化过程的另一面，和城市形成相互影响、相互联系的关系，使得中国城市化具有"离土不离乡"、亦工亦农等特征，而乡村发展也随着人口迁移出现了巨大变化。以往，人们往往采取城市建设经验建设乡村，但收效甚微。这是乡村建设的一个误区，只有理解了城市和乡村发展规律的不同，才能够在尊重乡村发展规律的基础上，更好地开展乡村建设。

当前乡村建设存在的问题，包括"九龙治水"、条块分割、项目制等，都是因为乡村建设的项目没有形成统筹，没有和我国的目标管理和考评激励体系结合。所以，要开展乡村建设评价，让乡村建设和我国项目治理和考评激励体系结合，实现以评促建的目的，推动乡村建设闭环的形成。

1.4.2 以乡村建设评价改善项目下乡困境

（1）什么是项目制

项目制是政府运作的一种特定形式，即在财政体制的常规分配渠道和规模之外，突破常规的"条条块块"框架，按照中央政府意图，自上而下以专项化资金的方式，进行资源配置的制度安排[1]。项目制的核心在于中央通过分配和奖补资金的手段，来引导、调动基层政府和项目承包者的积极性[2]。对于基层政府，尤其是县级政府而言，项目制运作是非常重要的激励方式[3]。乡村建设往往涉及综合性项目，村庄积极"抓包"项目的现象较为普遍，形成"项目进村"现象。

项目制已经成为一种有效的国家治理体制[1]。在一定条件下，项目制有着集中力量高效配置资源的优势，显著地促进了地区经济增长。规划是中国政治实践的重要治理经验，是党治国理政的一种重要方式，而项目制作为"规划国家"的依托机制，在规划指引下实现人才、财政、物力等资源集中于若干重大项目和工程配置。

1994年分税制改革后，项目制成为解决国家财政资源向上聚集和事权逐步下放的冲突、实现资源有效配置的重要制度[4]。中央政府通过项目的形式将大量的资源投入到地方和基层，项目制既引致了地方政府的融资需求，又为其债务融资提供了便利[5]。项目制不仅是一个项目的运作，也不是一个单一的项目管理体系，它已经作为一种制度思维，从财政转移支付领域扩展到地方政府治理的各个领域，例如地方政府将城市化建设内容制定成各种项目来运作[6]。

当前我国城乡规划建设管理采用项目制运作模式。在城市建设"做项目"或"搭建项目平台"的制度思维影响下，县域政府也会按照项目制的思维将城市化建设内容制定成各种项目来运作。在当前城乡融合的背景下，项目制已成为我国乡村建设管理的主要投融资方式。乡村建设的主要资金来源是项目制，即按照中央政府的意图，自上而下以专项化资金方式进行资源配置的制度安排。项目制能够对地方政

---

1 周雪光. 项目制：一个"控制权"理论视角[J]. 开放时代, 2015（2）：82-102, 5.

2 黄宗智, 龚为纲, 高原. "项目制"的运作机制和效果是"合理化"吗？[J]. 开放时代, 2014（5）：17.

3 管兵. 项目理政：县域治理激励机制的视角[J]. 社会科学研究, 2021, 000（2）：49-57.

4 刘怀玥. 控制权理论视角下美丽乡村建设项目制运行问题研究[D]. 长春：东北师范大学, 2022.

5 冀云阳, 付文林. 项目制治理模式与地方政府债务扩张[J]. 财经研究, 2018, 44（10）：38-52.

6 折晓叶. 县域政府治理模式的新变化[J]. 中国社会科学, 2014（1）：121-139, 207.

府或基层社会产生强大的激励作用，因而项目制治理模式已经渗透到乡村建设的各个领域，地方政府将农村基础设施建设、土地开发等政府活动包装为项目，通过项目申请方式，调动企业等主体参与乡村建设的积极性。

（2）以乡村建设评价推动更合理有序的项目下乡

在目前的乡村建设过程中，除了财政体制的常规分配渠道和规模外，大量的中央财政通过项目制的方式，自上而下地进行资源配置。项目制的核心在于中央通过分配和奖补资金的手段，来引导、调动基层政府和项目承包者的积极性，这对于基层政府，尤其是县级政府而言，是非常重要的激励方式。因此，亟须一种客观、合理、统一的评价手段，对各个乡村建设项目的成效进行评估，通过评估结果，充分发现乡村建设过程中存在的成效和问题。乡村建设评价能够从两个方面推动更合理有序的项目下乡：

一是通过开展乡村建设评价，使其成为评估各职能部门乡村工作效果的准绳，以评价结果促进建设行为。乡村建设评价通过问题导向、目标导向和结果导向，从存在的问题、预期发展目标和建设成果三个方面，具体分析问题产生的原因，并将问题分解到每个部门的职权范围，能够有效解决"九龙治水"的问题。

二是通过村民的满意度来衡量村民在乡村建设中的主体性和参与度。乡村建设评价有三种比较方式用于衡量取得的成效和问题，分别是城乡比较、国际比较和满意度比较。其中，通过村民问卷开展的满意度比较是乡村建设评价的重要内容，其功能是采集村民对乡村建设的满意度，从而考察村民在乡村建设过程中的主体性和参与度，衡量村民的满意度和获得感。

专栏：村民满意度反映了不同年龄村民对乡村建设的需求不同

通过乡村建设评价的满意度调查，研究人员发现青年对于农房内厨房、厕所的满意度最低。青年对于住房内厨房条件的满意度为44.26%，低于全国平均水平（53.52%）；青年对于住房内厕所条件的满意度为44.02%，低于全国平均水平（53.52%）。总体上，青年对于农房总体满意度也是最低。青年对于农村住房总体满意度为46.33%，明显低于中年人群（54.22%）、老年人群（72.52%），低于全国平均水平（55.61%）（图1-1）。

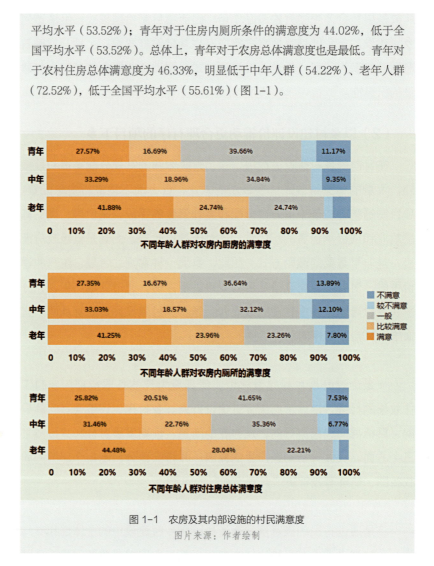

图1-1　农房及其内部设施的村民满意度
图片来源：作者绘制

1.4.3　目标管理、考核激励体系和乡村建设

（1）什么是目标管理

目标管理方法最开始是管理学专家研究出的实现组织目标的有效措施。20世纪80年代以来，我国政府借鉴了目标管理方法，开始采用目标责任制管理模式。目标责任制管理模式大概分为以下几个阶段：

首先，为了落实上级制定的目标，基层部门根据职能和实际提交，制定出适合的具体目标。通过目标体系的制定，明确现阶段所具备的优势、缺陷以及有哪些可利用的资源，以便于在实际工作中能够扬长避短，采取有针对性的措施。

其次，在目标实施过程中，基层各部门充分运用自己的职权、职责和工作，充分发挥组织成员的聪明才智和创造性，克服目标实施过程中遇到的障碍和问题。

再次，目标也是监督、考核和评价的依据。在构建目标体系时也需要制定具体的时间安排表，上级主管部门会以此为依据检查并评价目标的完成情况。

最后，对目标体系的完成情况进行评价考核。上级主管部门根据各部门完成目标的情况以及对总目标的贡献度给予奖惩。作为目标管理体系中重要的激励手段，确定客观、公平的奖惩标准是关键。

经过多年运行，目标管理责任制已经贯彻落实到中国行政体制运行的方方面面，在基层的日常运行中表现尤甚。在基层，目标责任制涵盖了一级政府及其职能部门的整体责任以及各部门负责人及工作人员的岗位责任。具体内容包括招商引资、征地拆迁、公共设施建设、社会事务等各项工作，实施过程中通过逐条考核的打分制度来确保责任的履行。

（2）把乡村建设评价嵌入我国目标管理和行政绩效激励

面对乡村建设中存在的问题，应引入乡村建设评价，将评价嵌入目标管理和行政绩效激励的考核制度中，推动乡村建设形成从评价到建设，再到评价的闭环。

一方面，乡村建设评价通过对乡村教育、医疗、养老、商贸、交通、快递物流等多种设施进行数量和质量评价，以保障已建成设施的覆盖率和使用情况，从这两个指标来评价乡村建设是否符合本地村庄的特征并满足村民的实际需求。例如，部分乡村在村委会中建设了"幸福院"，然而通过评价发现，村庄中的老人更青睐居家养老，从而很少去村委会的"幸福院"，因而就发现了乡村"幸福院"的建设在某些方面不符合村庄老龄化人口养老的需求。

另一方面，为了对乡村建设执行主体的执行行为起到一定的监督和约束，评价中村民满意度的数据发挥了关键的作用。通过调查村民满意度，能够充分反映乡村建设的过程是否以村民为主体、村民是否积极参与等，这在无形中对村干部的行为进行了监督和约束。

1.4.4 以评促建，建立乡村建设的完整闭环

在我国的项目制、目标管理和考核激励体制的制度背景下，开展乡村建设评价，是通过以评促建的方式，推动形成"统筹规划—项目推进—考核评估"的工作闭环，让参与建设的多个主体能够树立共同目标，齐心协力地推动乡村建设的项目进展。

乡村建设评价的开展前期需要统筹规划，明确建设目标和预期效果。根据国家和省提出的政策目标，各地方参考自身发展条件，设定乡村建设的目标，并从总体角度对参与部门、可利用的资源等进行总体筹备和规划，旨在对国家和省级政策的落实。

在乡村建设评价的过程中，坚持问题导向、目标导向和结果导向开展具体的评价工作。从问题导向出发，乡村建设旨在通过城乡比较、国际比较和满意度评估三种方式，发掘乡村建设中存在的不足。从目标导向出发，结合地方设定的预期值，参考发达国家或国内发达地区的乡村建设水平，确定乡村建设的方向和目标。从结果导向出发，以乡村建设的结果作为判定成效或问题的标准，并以此作为目标管理和考核激励的依据。

通过乡村建设评价，建立项目生成机制，以评促建，推动形成"设定预期值—开展评价—项目实施"的工作闭环。一方面，乡村建设评价引导各地将乡村建设工作纳入政府目标责任制考核范围，作为干部政绩考核的重要内容。另一方面，针对评价报告发现的主要问题和短板，制定乡村建设项目清单，明确建设主体和单位，明确重点任务和建设时序，推进成果应用。

02

致力于绿色发展的乡村建设规律

- 本章从乡村发展规律、县域城镇化、以县域为评价单元三个方面出发,详细地阐述了致力于绿色发展的乡村建设规律,这是构建致力于绿色发展的乡村建设评价的基础。

- 我国乡村所具有的分散性、地域性以及以集体土地所有制度作为农村基本制度的特征,决定了我国乡村建设与城市建设存在根本性不同。这些不同体现在建设主体、建设内容、建设技术和建设管理方式等方面,导致乡村建设不能照搬城市建设模式,而需要立足于乡村的基本特点,处理好以下四方面关系:集中与分散,保护与发展,传统与现代,政府、集体和社会关系。

- 县域城镇化是中国城市化区别于西方的重要体现。乡村作为中国城市化进程中重要的"稳定器"和"压舱石",在中国城镇化过程中发挥了重要的作用。县城作为县域中心,更发挥了城尾乡头的作用,是中国实现就近就地城镇化的重要载体。开展乡村建设评价工作,需要立足于县域城镇化的过程和特征,深刻理解乡村作为农村人口"稳定器"的重要作用。

- 县域自古以来是国家治理的基本单元。以县域为单元,是我国自古以来国家治理、党开展工作的优良传统。开展乡村建设评价,也需要立足于县域单元,以增强评价数据在组织上的可获得性、时间上的连续性以及工作开展的可行性。

2.1 尊重乡村发展规律是开展乡村建设评价的前提

2.1.1 我国乡村的特点

（1）分散性

乡村聚落与城市相比，规模小而分散，呈"面"的状态，接触的自然要素多，与自然关系更为密切[1]。自然条件是农村聚落选址考虑的首要因素，也是影响农村聚居规模大小与形态的重要因素[2]。受自然环境、经济生产方式、社会关系与组织方式、文化传统等因素影响，中国传统乡村一直以分散居住的聚落形态为主[3]。根据学者测算，我国村庄分布密度仅为 0.35 个 /km^2 [4]。在这种分散分布的格局下，不同的聚落在密度、规模、服务等级、相互之间的距离等方面存在差异。与城市的集中性、规模性特征不同，分散性是乡村的典型特征，每个自然村平均规模约为 230 人，村庄规模普遍较小。

> **专栏：我国农房分布呈现"东密西疏"的格局**
>
> 乡村聚落的分散性也体现在我国县域农房密度差异上。总体上，全国县域农房栋数密度平均为 70 栋 /km^2。中国县域农房基本呈现"东密西疏"的密度格局。胡焕庸线东侧、西侧的县域农房栋数密度平均值分别为 87 栋 /km^2、16 栋 /km^2，县域农房面积密度平均值分别为 1.69 万 m^2/km^2、0.25 万 m^2/km^2；东侧的平均县域农房面积密度约为西侧的 6.8 倍[5]。

乡村聚落是除城镇之外最为广阔的人类居住地，有着自己的发展规律与人居模式。乡村聚居系统是遵循生态区位规律发生的空间自组织过程[6]，近似于克里斯塔勒的中心地模式。这在明清江南的市镇分布，以及中华人民共和国成立后四川盆地乡村聚落分布等研究中都得到了验证[7]。乡村分散而又完整的聚居系统特征决定了乡村建设需要借助县镇村的等级体系提供均等化、多样化的乡村公共品。单

---

1 金其铭. 我国农村聚落地理研究历史及近今趋向[J]. 地理学报, 1988（4）：311-317.

2 周国华, 贺艳华, 唐承丽, 等. 中国农村聚居演变的驱动机制及态势分析[J]. 地理学报, 2011, 66（4）：515-524.

3 鲁西奇. 买地券所见宋元时期的城乡区划与组织[J]. 中国社会经济史研究, 2013（1）：23.

4 周扬, 黄晗, 刘彦随. 中国村庄空间分布规律及其影响因素[J]. 地理学报, 2020, 75（10）：2206-2223.

5 李郇, 许伟攀, 黄耀福, 等. 基于遥感解译的中国农房空间分布特征分析[J]. 地理学报, 2022, 77（4）：835-851.

6 张京祥, 张小林, 张伟. 试论乡村聚落体系的规划组织[J]. 人文地理, 2002（1）：85-88, 96.

7 施坚雅. 中国农村的市场和社会结构[M]. 北京：中国社会科学出版社, 1998.

个村庄在空间上紧密联系构成了具有等级差异的聚居系统，并从均质同构的居住功能需求不断衍生出异质多样的教育、医疗、养老、消费等功能需求。农村分散聚居的规模结构、空间分布及服务需求等特征，需要农村地区借助县镇村的等级体系提供公共服务与市政基础设施服务，从而满足农民生产生活需要；这与城市存在的规模效应使得公共服务的配置采用集中供给方式有根本上的差别。乡村集体土地分散的特征决定了乡村建设存在资源投入的效率与公平之间的矛盾，如何在满足分散地区村民的城乡服务一体化福利需求的同时，又能提高乡村建设的投资有效性，成为乡村建设首要回答的问题。

（2）地域性

乡村是指城市建成区之外的广大乡土地域[1]。地域性指的是乡村所在地的地理气候条件、生态环境、土地利用、自然资源、文化传统、历史遗迹等方面的特点和特色。乡村问题带有明显的地域性[2]，因而乡村建设需要考虑到不同乡村的地域特点。

乡村的地域性根据分类方式的不同呈现出不同特征。不同乡村地域的山水格局不尽相同，不同的山水格局造就具有地方特色的乡村人居环境。中国各区域地理气候条件不同，形成多样化的热工分区；不同热工分区的建筑建造方式差异突出，其形成的建筑风格、村庄形态、聚落体系往往变化多样。在长期的农业生产生活实践中形成的乡村文化，也刻有不同地域的烙印[3]。

乡村建设需要因地制宜，结合当地的地域文化传统、生产生活方式、治理体系等因素进行规划，以传承乡村历史文化，找到一条符合当地特色的建设路径。乡村地域性不仅表征了乡村的地理差异，更支配着乡村社会空间[4]，形成乡村社会的内聚力和聚落的群体价值。然而，现在的规模迁村和社区化建设已经忽视了传统乡土文化和地域性，导致乡村聚落的多样性和地域性遭到破坏，乡村社会的内聚力和聚落的群体价值也被削弱[5]。在全球化时代，乡村所具有的地域性特

1 刘彦随，张紫雯，王介勇. 中国农业地域分异与现代农业区划方案[J]. 地理学报，2018，73（2）：203-218.

2 杨忍，刘彦随，龙花楼，等. 中国乡村转型重构研究进展与展望：逻辑主线与内容框架[J]. 地理科学进展，2015，34（8）：1019-1030.

3 吕宾. 乡村振兴视域下乡村文化重塑的必要性、困境与路径[J]. 求实，2019（2）：97-108，112.

4 王勇，李广斌. 基于"时空分离"的苏南乡村空间转型及其风险[J]. 国际城市规划，2012，27（1）：53-57.

5 龙花楼，屠爽爽. 论乡村重构[J]. 地理学报，2017，72（4）：563-576.

征不仅仅是地理差异，而且具有辨识度、市场价值和粘黏性[1]。因此，在全球化的背景下，保持和延续农村的地域性，重构可持续的乡村景观已经成为理论和实践领域的重要话题之一。

（3）农村集体土地所有制与村民主体性

村庄是具有凝聚力的共同体。集体土地所有制下的村民，相互之间都存在血缘、地缘基础上的"强关系"。弗里德曼认为宗族在中国乡村社会中扮演了重要角色，家庭是宗族中的基本单元，"积若干家而成户，……积若干户而成支，……积若干支而成房，……积若干房而成族"[2]。农村集体同传统的宗族相比，最大变化是当前的农村集体带有现代性的"公"的属性，是现代国家的"共"的属性向村庄的延伸。集体对宗族村落的重组，将农民的认同层次超越出血缘、地缘的限制，进一步加强了跟国家的联系。家户制是中国农村制度的底色与重要传统，家户制下的村是家户基础上的自治单位，再上一步便是国。从这个意义上，集体土地所有制下的个体，被赋予了超过理性个体的含义，背后还蕴含了家国的关系。

在这个背景下，基于集体土地所有制的集体生产、生活活动，进一步强化了农民对集体的身份认同，从而实现了"组织起来办小事"——公共物品的自我供给、公共事务的自主治理和社会事务的自我支持[3]。受农村土地集体所有制影响，长期以来，中国农房都是村民自筹资金、自主建设，村民是推动乡村建设的主体。当前影响乡村的力量变得更加多元，除了村集体，政府通过实施乡村振兴战略、开展乡村行动等，也为乡村地区投入了更多资源。但实现乡村发展的重要前提依旧是要充分认识集体土地所有制的意义。只有在集体所有制下，通过政府、集体、村民等利益相关者的协调来决定乡村建设的类型与时序，才能更好地发挥村民在乡村振兴中的主体地位，让国家资源与村庄诉求、村民需要充分结合起来。集体所有意味着乡村建设需要从集体利益出发，以人民为主体，发挥集体力量，激发集体经济发展的内生活力，实施"共建、共管、共治"的乡村治理模式。

---

1 房艳刚, 刘继生. 基于多功能理论的中国乡村发展多元化探讨: 超越"现代化"发展范式 [J]. 地理学报, 2015, 70（2）: 257-270.

2 杨春宇, 胡鸿保. 弗里德曼及其汉人社会的人类学研究: 兼评《中国东南的宗族组织》[J]. 开放时代, 2001（11）: 124-127.

3 王德福. 组织起来办小事: 理解农村集体制的一个视角 [J]. 新建筑, 2018（5）: 4.

2.1.2 乡村建设和城市建设的差异

当前乡村建设存在的突出问题是照搬城市模式，缺乏地域特色。乡村建设与城市建设存在较大差异，体现在建设主体、建设方式等方面，以城市逻辑进行乡村建设容易带来一系列问题，难以满足绿色发展的需求。

（1）建设主体差异

城市建设需要政府和市场的积极参与，而乡村建设更加依赖于村民的主体地位和积极性。在城市建设中，政府扮演着重要的角色，通过规划、管理和投资等手段来促进城市的发展。市场则通过投资、经营等方式参与城市建设，实现利润的最大化。乡村地区由多个村庄组成，每个村庄都有其独特的历史和文化背景，以及自然环境和社会经济情况。因此，乡村建设需要充分调动村民的积极性和参与度，以便更好地利用本地资源和优势。同时由于乡村地域分散、资源不足，市场进入乡村地区建设好的基础设施和公共服务设施并进行长期运作比在城市地区更加困难。例如，以经济和规模效益为导向在行政村修建的集中污水处理设施会因为难以收集到足够量的污水而不能正常运行。因此，乡村建设更依赖村民和政府的合作来实现可持续发展。

（2）建设内容差异

城市占地规模大，形成了相对独立完整的系统，人工营造建设条件相对容易。城市建设除住宅外，还需建设较多公共服务设施、商业设施、工业厂房等。乡村依托稳固的山水格局形成分散而又完整的聚落，乡村建设与所处自然环境和气候条件关系更加紧密，更需要顺应当地的气候特征、地形地貌和自然肌理，与山水林田湖草结成一体。乡村建设以农房为主，基础设施建设围绕农房需求展开，乡村风貌以农房建筑风貌为基底塑造。

（3）建设技术差异

城市规模大、人口密集，具有明显的规模效应。在城市基础设施和公共服务设施等建设中,优先采用集中配置方式,从而降低建设的成本,提高设施的利用效率和质量。而乡村多为分散聚居形态,地理分散,人口规模小,无法像城市一样采取规模化、集中化的建设方法与技术。乡村地区的基础设施和公共服务设施需县域统筹、分级配置,通过县城—镇—村的体系提供公共服务产品,满足农民生产生活需要。同时,由于单个村庄规模小,生活垃圾、污水处理等工程需要小型化、分散化、生态化的技术方案。

(4)建设管理方式差异

城市采用专业化分工方式进行建设和管理,而乡村建设与乡村治理联系紧密。城市的规模效应和人口密度较大,市场运作更为灵活。因此,城市建设完成后可以通过市场运营来实现可持续发展。但是基于城市经验之上的建设方式不符合乡村地区的发展需求。乡村建设中,农房建设以农民自我投资为主,房前屋后等公共空间主要由村民使用和维护,村民参与乡村建设活动意愿更强,也更容易从中受益,加上农村熟人社会特征明显,乡村建设活动成为乡村社会治理的重要载体。

2.1.3 乡村建设需要处理好四方面关系

乡村是具有区别于城市地域的诸多特征的复杂系统,乡村建设具有不同于城市建设的内在逻辑性。顺应乡村发展规律,在乡村建设中需要处理好以下四方面关系。

(1)处理好集中与分散的关系

首先要处理好集中建设与乡村分散特性之间的关系。分散性是乡村的特性。我国共有约245万个自然村,这些村庄分散地分布在我国960万 km^2 的土地上,形成了极其分散的地理格局。而建设则具有规模效应,建设规模越大,建设的边际成本就越低。在乡村建设中,要平衡好建设和分散的关系,防止出现类似城市大规模建设入侵乡村的现象，同时也要注意建设过于分散带来的建设和维护成本过高的问题。例如，乡村集中供水需要与村落分散的布局取得一定的平衡。

（2）处理好保护与发展的关系

乡村承载着厚重的历史文化，传承着丰富的文化传统，彰显着独具特色的地域文化，既是珍贵的文化遗产，也是乡愁的重要载体。随着现代化与城镇化进程的推进，我国乡村正面临着如何在发展的同时保护好村庄的自然肌理和传统文化之间的矛盾。在村庄现代化的过程中，地方政府追求经济效益，往往会对村庄及其周边环境进行开发。而在开发过程中，如何保留好村落的自然肌理、村落格局、传统建筑和文化等成为乡村保护性开发亟须解决的问题。

（3）处理好传统与现代的关系

乡村的发展具有悠久的历史，并在聚落演化过程中不断积累形成了乡村建设的传统。乡村具有独特的历史、文化和传统，这些文化遗产使得乡村地区保持了文化特色和身份。当全球化浪潮席卷城市边缘的乡村地区，快餐式的西方文化快速入侵乡村。本地农民的乡村建设具有"乡土性"特征，例如房屋建设所使用的本地材料、传承下来的建造技术等，在全球化下尤显珍贵。鲍威尔（Powell）等学者曾经警告过，全球化可能导致乡村景观逐渐失去特色。此外，农村居民的思想也往往较为传统，对于现代化的生活方式和理念的接受水平并不高，因此会出现村里老人因为观念问题还是选择使用"旱厕"，而不是使用环境友好的卫生厕所。因而，在传统与现代之间找到平衡，是乡村建设过程中要处理好的一对关系。

（4）处理好政府、集体与社会的关系

村民是乡村建设的主体。这是由我国乡村的土地制度是集体土地所有制所决定的。集体土地所有制代表了集体在中国农村发展中具有的核心地位。然而，仅依靠村民和集体难以发挥乡村建设的最大效益。在市场化经济发展的背景下，政府对资源的支配程度、第三方企业对市场运作的熟悉程度超越了村集体所掌握的信息和资源。因此，

乡村建设和发展不是任何一方单独的义务，而是政府、集体和社会共同的责任。同时，还应该对政府、集体和社会的责任进行进一步分工，防止社会力量介入乡村建设时出现债务风险等问题。

2.2 县域城镇化是中国城市化区别于西方的重要体现

中国城市化过程具有较为明显的城乡混合特征，这与西方城市化过程存在明显不同，体现在城市化的人口流动、推动政策以及农业农村发展等方面。这些差异是导致中国城乡二元结构的重要原因，也是我国乡村建设时需要立足的背景和出发点。因而有必要对中西方城市化过程存在的差异进行了解。中国城市化和西方相比具有特殊性，中国城市化只用了40多年的时间就赶上了西方国家近300年的城市化历程。在这个过程中，与西方建立在工业化和农业生产发展的基础上的城市化过程不同，中国的城市化始终保持了跟乡村地区的紧密联系，乡村地区在支撑中国城市化的平稳快速发展中发挥着重要作用。

2.2.1 乡村是中国城市化进程重要的"稳定器"和"压舱石"

在中国的城镇化进程中，农村始终扮演着"稳定器"和"压舱石"的重要作用，是城镇化稳步推进的保障。从中华人民共和国成立到改革开放前，中国选择了重工业化道路和建立户籍制度，以自上而下的方式推动城市化发展。国家建立了以户籍制度为标志的城市化制度，对劳动力流动形成限制。在这个阶段，中国的城市化率从10.64%提高到17.92%，城市化在较长时期处于停滞状态。

自改革开放以来，农村地区实行以农村家庭联产承包责任制为代表的改革，大幅解放了农村剩余劳动力，进而推动了农村城市化进程。与传统城市化不同的是，农村城市化是一个自下而上的城市化过程[1]，县镇村在城市化的过程中扮演着重要的角色。在这个阶段，束缚农民移动的户籍制度有所松动，从1984年开始，农民可以自理口粮到小城镇落户务工经商，"民工潮"成为重要现象。大量迁移的农业人口已经成为城市人口增长越来越重要的来源，这种农业剩余劳动力的就地转移称为"离土不离乡"，即促进农村非耕地经营和小城镇发展，大规模吸纳脱离耕地的农村人口，实现从农业人口向非农业人口的转移，从而增加农村地区非农业生产人口的数量[2]。"离土不离乡"意味着进城务工人员在进城务工的同时，保留了自己在农村的土地，主要原因在于农村家庭联产承包责任制的实施，导致统分结合的经营体制以及土地使用权合理流动机制的不完善。

从20世纪80年代中期开始，中国城市化速度史无前例地提升。从1978年底到1997年底，我国城市化水平由17.9%提高到29.9%，是前29年我国城市化速度的2.5倍，是世界同期城市化平均速度的2倍。然而，在高速提升的城市化率背后，隐藏着城市化质量不高的问题。在这些快速的城镇化地区，原先农村的各种管理体制依然存在，人口和非农产业在空间上的集聚程度较低，公共基础设施配套建设不完善，建设风貌缺乏统一管理，整体呈现出"村村像城镇，镇镇像乡村"的特征。20世纪80年代，麦吉（T.G. McGee）在研究亚洲发展中国家的城市化问题时，提出"Desakota"（城乡融合区）模式，即许多亚洲国家的城市化是以区域为基础的城市化过程。乡村地区向"Desakota"转化，并吸引非农人口和非农经济活动在此集中。这与西方国家以城市为基础，人口和经济社会活动向城市集中的城市化过程明显不同。

近年来，我国开始对城镇化战略进行调整，从中国的国情出发，走新型城镇化道路。新型城镇化的核心是以人为本，持续促进农业转移人口市民化，促进城乡融合发展。从城乡人口结构看，根据第七次

1 崔功豪，马润潮. 中国自下而上城市化的发展及其机制[J]. 地理学报，1999，54（2）：10.

2 陶然，徐志刚. 城市化，农地制度与迁移人口社会保障：一个转轨中发展的大国视角与政策选择[J]. 经济研究，2005（12）：12.

全国人口普查数据，2020年我国居住在乡村的人口为50979万，占总人口36.11%。从农村人口在城市落户的角度看，近半数的城镇常住人口属于进城务工人员群体，长期难以融入城镇。从农村人口分布的区域角度看，约2/3的人口居住在欠发达的中西部地区。2020年，人户分离的流动人口有3.76亿，其中跨省流动人口1.25亿，东部地区吸纳了73.54%的跨省流动人口。国家也试图解决"三个1亿人"的问题，即促进约1亿农业转移人口落户城镇，改造约1亿人口居住的城镇棚户区和城中村，引导约1亿人口在中西部地区就近城镇化。中国的城乡二元体制是一种允许农民自由进城但是却不允许资本自由下乡的保护型制度，保证了农民在农村拥有土地，确保进城失败的农民即使在返乡后依然能够靠耕种过上自给自足的生活。因此，农村在中国城镇化进程中扮演着重要的缓冲角色。在稳定时期，农村为经济发展提供持续的廉价劳动力；而在困难时期，则成为各种社会危机的承载底线[1]。

县域使中国城市的发展得以避免"贫民窟化"，农村人口在城乡之间"可进可退"的流动是中国城市化的底色。尽管当前拉美国家城镇化率高达78%，但是近1/3的人口居住在贫民窟。拉美国家工业化远滞后于城镇化，人口向城市大量集中，但是缺乏充分的就业机会，导致了"没有增长的城市化"；同时拉美国家由于缺乏对农民土地产权等方面的制度性保障，导致部分农民在失去土地流入城市成为城镇人口之后，因缺乏就业机会而难以获得稳定的收入，同时又因为失地而难以返乡，只能居住在贫民窟中，给社会发展带来不稳定隐患。在中国，尽管县域农村人口向城市大规模转移，但是我国农村土地集体所有制仍然保持不变，使得县域成为中国城镇化进程中可攻可守的韧性区域。在城乡二元制度的保障下，农村人口必要时可以选择返乡，依托土地积蓄下一阶段进城力量，从而避免出现"贫民窟"。

---

[1] 温铁军. 中国小农经济拥有西方无法替代的优越性[J]. 中国乡村发现，2016（2）：72-77.

> **专栏：城市化中的"贫民窟"**
>
> "贫民窟"是城市边缘的贫困人口集聚区。20世纪70年代以来，随着城市化在印度、拉美和东南亚地区快速蔓延，大量农村人口涌入城市，但又无法在城市获取足够的资金，因而在城市边缘地区集中形成了聚居区。贫民窟形成的根源是农民失去土地、小农经济破产，农民不得不迁往城市，然而在城市中却没有找到就业空间，这种城市化的过程使得拉美和东南亚地区的城市贫民窟成为社会最严重的问题。

县域城镇化也是中国应对经济周期的"减震器"。经济发展存在繁荣、衰退、萧条和复苏的经济周期。在中国城镇化过程中，经济危机从来都是周期性地出现。从1997年亚洲金融危机，到2008年全球金融危机，再到2020年疫情引发的经济危机，大约每隔10年出现一次全球性的经济危机。经济危机引发企业"倒闭潮"与"失业潮"。一方面，农村作为生产成本洼地，成为应对经济危机而进行产业转移的目的地；另一方面，在城市出现就业危机之时，县域凭借着稳定的农村土地产权关系和发达的半熟人社会体系，让在外失业的人口得以暂时回乡休养，减少了经济危机对社会稳定的破坏。2008年金融危机时，至少2100万进城务工人员遭遇失业。2020年上半年，因为疫情，中国经济发展缓慢。尽管如此，中国社会秩序仍旧保持稳定，这主要是因为县域能够满足农村人口的基本生活条件，为社会经济的恢复提供了缓冲区。

2.2.2 县城是中国实现就近就地城镇化的重要载体

（1）县城作为城尾乡头的作用

县城一般位于一县地理辖域之中，在县域城乡中扮演了十分重要的角色，不仅是整个县域的经济和行政中心，更是文化中心、交通节点、商业中心[1]。各乡镇村落与其距离也多在往返一天行程之内，全县的道路网络将县城与全县各镇各村连接为一个经济整体。县城位于"城尾乡头"，是连接城市、服务乡村的天然载体，是我国城镇体系

---

1 吴良镛. 中国人居史[M]. 北京：中国建筑工业出版社，2014.

中的重要一环。习近平总书记曾深刻指出,县一级承上启下,要素完整,功能齐备,在我们党执政兴国中具有十分重要的作用,在国家治理中居于重要地位。

县城是县域经济和政治中心。在古代,全县的财政税赋都集中于县城,无论是县政府委派官员至四里八乡征收税赋,还是各地乡绅组织其地税赋上缴,一县范围内的最终节点均是县城,政府的赈济等也是通过县城层层下发。县衙所在的县城也是官府行使公权力和统治力的基点,是中央政治力与地方社会力接触的界面。县衙的官员虽然不多,却是执行公权力,象征王权统治力的中心[1]。

县城由于得天独厚的区位条件和交通优势,往往成为县域交通和商业中心。县城通常是一县最为繁华的市场,商品种类最多,交易量也最大,各种高档消费品也几乎只存在于县城的商品市场。这有赖于县城较为优越的地理区位和交通条件。例如,民国后期,宝鸡县县城铁路西通天水,东连西安;公路直达广元、平凉、天水、凤翔、岐山;航空路一度东至郑州,南至重庆,西至皋兰。因此,各行各业的人员涌入县城,县城商业迅速繁荣。从商行税款、捐款数额来看,民国三十二年(1943年),县城占全县总额的77%;民国三十四年(1945年),县城占全县总额的82%;到民国三十八年(1949年)一直如是。县城商业中心的绝对地位已完全确立。

县城是一县的文化中心,学宫、文庙等各类重要的坛庙祠塔均位于县城,起到县域"教化中心"的作用,还能联系中央。在古代,地方孔庙作为学习儒家经典的学校和祭祀孔子的礼制性庙宇,发挥着学庙的功能。同时,它也是国家行政教育和祭祀孔子的场所,并由政府教育行政主管部门直接管理[2]。这些在县城中的孔庙的建筑规模和标准在当地都是很高的,各地的地方志中绝大多数都有关于庙学的记载,并且附有学宫图,由此可知地方庙学在县域文化活动中占有极其重要的地位。书院不仅仅起着传授讲学的作用,还能够参与朝堂的政治斗争。尤其在明代,在任或退休官员积极参与和经营建设,在书院设坛讲

---

1 黄宽重. 从中央与地方关系互动看宋代基层社会演变[J]. 历史研究, 2005(4): 100-117, 191.

2 彭蓉. 中国孔庙研究初探[D]. 北京: 北京林业大学, 2008.

学,甚至由书院派生出朝堂党系,直接参与政治斗争,例如东林书院派生出了明末时期权倾朝野的政治势力东林党,成为晚明政坛的一股正义力量。

县城是未来城镇化基础设施建设的重要空间,县城基础设施建设与投资能够进一步扩大内需,带动经济增长。2008年金融危机以来,全球流动性危机的影响仍在持续。4万亿元投资计划的刺激,为我国县城基础设施建设和产业发展提供了前所未有的机遇。2008—2010年,我国县城市政公用设施建设固定投资激增,连续三年达到40%~50%。县城的基础设施建设与投资将成为未来城镇化的新动力。

伴随消费下沉的趋势,县城新兴消费市场逐渐培育壮大,县城是未来重要的消费空间。根据第一财经2019年的研究,我国的新兴市场是指除一线城市、新一线城市及二线城市之外的所有城市,包括县城、集镇等中小城市。当前,城市消费需求进入存量博弈时期,包括县城在内的新兴市场成为内需增长的新战场。县城人口众多,消费市场大,且购买力不断提高。400个样本县(市)消费占GDP的比重由36.9%上升到38.2%。目前综合实力较强的县级城市人均GDP是全国人均GDP的2倍以上,GDP增速也明显高于全国均值。县城居民收入水平不断提高,城乡居民收入差距持续缩小,农村居民的消费潜力逐渐被释放出来,促进了县城文化娱乐产业的迅速发展。2019年天猫"双11"数据显示,小镇青年海淘订单占全网40%左右,数码相机、激光电视、洗碗机、破壁机、多门冰箱等品质消费呈现出两到三位数的高增长。

(2)县城是新型城镇化的重要载体

从中国城镇化过程和特征上看,县城在这一过程中充当关键的角色。县城作为就地就近城镇化的重要承载体,是推动城镇化、为乡村提供服务的重要支撑。同时,县城也是吸纳农村劳动力转移和安置家庭的主要层级,对我国城镇化进程的推进具有重要影响。县城是我国城镇体系的重要组成部分。2021年底,我国城镇常住人口为9.1亿。

其中，1472个县城的常住人口为1.6亿左右，394个县级市的城区常住人口为0.9亿左右，县城及县级市城区人口占全国城镇常住人口的近30%，也就是说，我们常说的"城里人"有近三成是住在县城里的。

县城以较低的城市化成本成为吸纳农村劳动力和人口转移的重要载体，是解决城乡二元结构的重要通道。近年来，国家对县城进行"补短板、强弱项"，极大地提升了县城基础设施与公共服务设施水平，使得县城变得更加宜居、宜业和宜学。综合考虑公共服务、生活成本、人居环境等多方面的因素，相比较于农村和城市，县城反而更容易满足农村人口和外出进城务工人员的家庭需求。县城医疗、教育水平相对较高，吸引周边乡镇人口进城买房或租房，当前县城50.7%的商品房购房者来自乡镇。近年来，农业转移人口更多在省域内流动，县城成为农村转移人口安家落户的首选地，农民在县城购房安家、向县城集聚的现象更加普遍。此外，在我国现行的政策体制下，"城乡双栖""工农兼业"和"城乡通勤"等县域城镇化的新模式已经出现并将长期存在。在新时代，县城作为城尾乡头，是吸收大量乡村半城镇化人口的空间，不仅是乡村产业和生活服务中心，也是国家服务下沉至基层组织的有效衔接场域。

县城也成为新生代进城务工人员回乡发展的选择。新生代农民对于家乡有一定的依恋，回到家乡附近的县城或乡镇居住并从事非农产业也成为一种较为常见的选择。随着改革开放的深入和区域经济一体化的快速发展，县城作为欠发达地区承接产业转移的主要载体，有助于推动以县城为中心的县域城镇化格局的形成[1]。2020年，外出进城务工人员16959万人，比上年减少466万人，下降2.7%；跨省流动进城务工人员7052万人，比上年减少456万人，下降6.1%。进城务工人员回流返乡趋势明显。从流动方向看，2000—2020年，县域人口减少了10%，但县城人口却增长了186%。可见，县城成为县域人口流动的主要目的地。

近年来，在国家一系列重要文件中，县城作为我国实施新型城镇

---

1 李郇，殷江滨. 劳动力回流：小城镇发展的新动力[J]. 城市规划学刊，2012（2）：7.

化、实现高质量发展重要载体的作用被多次提及：县城位于"城尾乡头"，是我国城镇体系的重要组成部分，对促进新型城镇化建设、构建新型功能城乡关系具有重要意义。2022年，中共中央办公厅、国务院办公厅印发《关于推进以县城为重要载体的城镇化建设的意见》，这是改革开放以来中央第一次专门针对县城问题发文件，明确表示县城是我国城镇体系的重要组成部分，对建设统一的国内大市场、构建新型工农城乡关系具有重要意义，为实施扩大内需战略、协同推进新型城镇化和乡村振兴提供了有力支撑。同年，国家发展改革委发布《关于印发"十四五"新型城镇化实施方案的通知》，提出了2025年要实现的若干目标，如"以县城为重要载体的城镇化建设取得重要进展"等目标。这意味着县城建设将推进县域产业配套设施建设、公共服务水平提升、县乡功能衔接互补等工作。

2.3 以县域为单元开展乡村建设评价

2.3.1 县域自古以来是国家治理的基本单元

（1）县是国家治理的基本单元

郡县治则天下安、县域强则国家强。以县域为单元统筹城乡融合发展具有深远的历史传统。从历史上看，县自古以来就是国家管理城乡的纽带。自战国时期，各列国相继实行郡县二级管理制度，到秦朝实行郡县制，这一格局在数千年间保持基本稳定。秦朝以后，在以郡县制为核心地方行政制度的基础上，县成为最基础的治理单元，"天下莫大于朝省，亲民莫近于县宰。虽朝省有法，县宰宜择。县宰正，民自安矣"[1]。国家治理涉及方方面面，就像千根线一样复杂。然而，要让这些方面都能够协调运转，需要借助县这一层级的地方政府的作用。正所谓"郡县治，则天下治"，这句话充分反映了地方政府在国

---

[1] 宋濂，等. 元史·刘秉忠传［M］. 北京：中华书局，1976.

家治理中的重要作用。

尽管数千年来朝代更迭、战乱纷起，县一级行政建制却始终保持着相对稳定性。自秦代始，经历了秦汉的郡县制、唐宋的行省制、明清的省府制等制度，尽管县级建制在历史发展过程中的隶属相邻关系发生过诸多变化，但大部分县的行政区划是稳定的，各历史时期一脉相承。县作为帝国权力构成的最基础单元，同样也是最稳定的单元，县治理的范围、人口与领地基本上保持在一个比较稳定的范围内，具有很强的延续性与稳定性。在长期的发展过程中，县逐渐形成了以县城为中心、集镇为纽带、广大农村为基础，集政治、经济和社会等各种功能于一体的具有相对完整社会管理功能的地理行政单元。

由中央传达至县的制度安排经由科层体系层层下达，而到县以下则形成了以自治为基础的相对完整单元。县上承皇命，直接听命于所在州府，施行大政方针；县以内的传统乡村作为封建皇权管制的末端，有自治传统，由宗族、开明士绅所把持[1]。县域治理是官制秩序（国家力量）与乡村秩序（乡村社会）的结合。尽管皇权对县以上和县以下具有不同的治理模式，但古代乡村并非游离于国家皇权之外，而正是通过县将田制、户籍、乡里制度统筹起来，构成了王朝国家控制乡村的三个支柱；基层组织架构上里正、甲首、保甲长也需要得到县衙门认可，同时为县里服务，掌管诸如当地户口和税收。例如，明代凡一百一十户为一里，设里长，里下为甲，设甲首一人，负责地方民政、教化、赋税、争讼等事。里长在执行官府政策、维持社会秩序、调解民众矛盾等方面发挥着重要作用。

（2）县域治理的基本结构

县域治理的基本结构可以大致分为四个方面：保安全、便民生、实政权、兴教化。这四个方面的内容均有明确的空间治理要素，从而实现国家对乡村的治理目的。

中国传统社会因其农业社会属性，尤其重视山川形胜，关隘保障

---

1 林毅夫. 制度、技术与中国农业发展[M]. 上海：生活·读书·新知三联书店，1992.

以及水火盗跖之防。为保安全，古人在勘定县界就重视屏障的围合作用，同时注重修建防洪、防盗、灌溉设施实现对洪水泛滥、盗贼土匪和旱灾等自然灾害的防备，以营造安全的生产居住环境。在一些边境地区，其保安全功能尤为突出，其县域内的主要居民点均为军民屯驻之所，这类县域空间治理的安全意义不仅限于单一县域范围，更体现在巩固边防、保护腹地，为内陆地区提供稳定和平的发展环境。

满足人民需求是县域治理最重要的问题，居住是"便民生"最重要的内容。通过居住模式的构建，实现了中国乡村安居乐业的和谐图景。这一居住模式既包括了在县域层面的村落居住模式，例如"暧暧远人村，依依墟里烟。狗吠深巷中，鸡鸣桑树颠"诗句中所展现出的一幅与自然和谐、与人和谐、人身心和谐的山村人居图。居住模式还包括民居稠密、市场繁华、诵读声不绝的繁阜喧盛的市镇居住模式。此外，社会救急设施历来是一县主官义不容辞的职责。"各里均置社仓""宜于分发借领社谷"，这些官方、半官方和社区仓库通常设立在人口较为集中、交通便利的市镇，以便于谷物和人流的集散，并且能够方便地辐射到广大乡村地区。

"实政权"是指县域作为国家治理的基础，其稳定状况直接关系到政权的稳定。县域层面的空间治理在国家基层治理中扮演着重要角色。国家利用编户齐民的方法来了解和掌控基层人地状况，同时通过直接向县级行政体系传达指令来实现控制。在县级行政管理方面，民间俗规被归为"平赋役、听治讼、兴教化、厉风俗"，体现了国家对基层的重要要求，其中包括农业生产、赋役征收、保持稳定等方面。这些都是确保国家正常运转的重要手段。在农业国家中，通过赋税的设计从最广大的社会经济单元收取社会运转所需的经费，这也是保证基层统治的关键手段。通过对"户""丁""田"的掌握，实现对整个社会基层的控制；解决诉讼，使民无滞冤，维护基层正义与稳定；宣讲农桑，象征国家对农业的重视；提倡文化，通过科举、教育的引导与社会文化的推动，促进地方文化的繁荣。这些方面构成了县级治理体系的重要前提。

> **专栏：县域道路邮驿系统和集市把国家和乡村联系在一起**
>
> 　　古代中国以道路交通网络建设和邮驿制度，自上而下地实现国家力量向地方延伸。县域道路体系沟通内外，邮驿系统上传下达，落实中央的各项指令和政策，将县域内聚落、镇市和县城连成一个整体。自秦朝以来，国家建立起全国性的交通干网，联系中央与地方，支撑国家政治、军事、经济功能。地方驿传按照行政等级逐层下达，管理地方事务。
>
> 　　以集市为起点，自下而上构建乡村与国家的空间联系。集市的贸易带来了自下而上的道路延伸与发展，国家、乡村社会关系的构建嵌入在道路空间建设中。国家的信息、市场的商品通过官道传播至地方，而商人与地方上层作为掮客，将嵌于基层市场的村庄和农民与更大的社会机构、区域联系起来（图2-1）。
>
>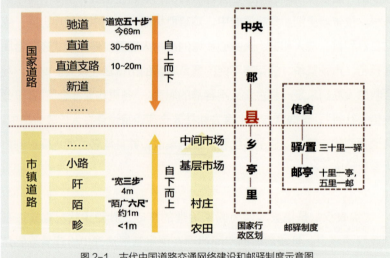
>
> 图2-1　古代中国道路交通网络建设和邮驿制度示意图
> 图片来源：作者绘制

　　"文教兴，国家兴。"古代中国，"兴教化"在中央联系地方，以及地方发展中起到重要作用，指的是以儒家学说和科举制为整个文化主流思想，实现上到国家、下到百姓在教化层面形成统一和共识。中央在地方设立"县学"，作为中央太学、府学的地方分支机构。民间还兴办了各种"书院""义学""私塾"等，共同形成了一套较为完整的教育体系。这些教育设施传授的是传统儒家学派的为人、为学、为官思想，具有启迪民智、开化文风的作用，最重要的是加强了对基层的统治。弗里德曼在《中国东南的宗族组织》中就指出，从乡村入仕的人员能够成为国家和地方宗族连接的桥梁，在宗族在与官府打交道时有利于宗族的地位，这在一定程度上有利于维持地方的稳定[1]。

（3）以县域为单元开展工作是党的优良传统

革命战争时期，党在华北、东北等多个解放区已经实行县—区—乡三级政府组织，赋予人民当家作主的权利，在广大县域农村地区开展土地革命，发动群众参加革命斗争，取得了新民主主义革命的全面胜利。

中华人民共和国成立至改革开放前，中央人民政府在原解放区基层政权建设的基础上进行调整、重组，很快建立了县乡人民代表会议制度，截至1950年12月前，全国2068个县中，有1961个县召开过县各界人民代表会议，占总数的94.8%；全国58个旗中，有46个旗召开过各界人民代表会议，占总数的79.3%[2]。随着社会主义建设形势的好转，县乡人民代表会议制度演变为县乡人民代表大会制度，并于1954年在《中华人民共和国宪法》中确立下来，县域政权体系更加完善。在此时期，党和国家在县域开展了土地改革、农业合作化等工作，通过发展共产党员的方式将农民组织起来，取代传统乡绅和旧的乡村精英，国家政治权力深入农村地区，使得人民民主专政在农村中巩固地扎下了根[3]，社会体制慢慢渗透到村落家族共同体。

改革开放后，人民公社的解体和家庭联产承包责任制的实行大幅改善了农村的经济生活条件和社会政治生活。随着国家政治体制改革的推进，政府逐步将部分社会管理职能交还给社会，使得县域社会各领域和社会组织更加独立，进而扩大了社会的自主权。农村改革的推进和"乡政村治"的推行，以及基层普选范围的扩大，使农民在获得独立的经济地位和生产经营自主权的同时，获得了更大的个人自由度和政治独立性，促进了县域民众政治参与意识的逐渐增强。县一方面承接中央和上级重要指示和政策，另一方面统筹县域内"乡政村治"的乡村政治模式，成为社会主义中国连接国家与乡村的关键环节。

---

1 （英）莫里斯·弗里德曼. 中国东南的宗族组织[M]. 刘晓春，译. 上海：上海人民出版社，2000.

2 西南军政委员会民政部，1951年。

3 《董必武选集》组. 董必武选集[M]. 北京：人民出版社，1985.

直到现在，县已经成为我国行政区划的主要层级之一。作为治国理政的基本单元，县是城乡结合的基本地域单位，主要由县城中心、集镇以及周边的乡村区域组成。县域内的人居场所、自然景观等各类要素关联紧密，是一个完整的空间系统和地域综合体。县域一方面承担着贯彻党的路线方针政策和重大战略部署的重要作用；另一方面统筹着乡村社会诸种形式与功能各异的乡村自治组织。"郡县治则天下安、县域强则国家强"，县域是经济发展、社会治理、公共服务供给的基本单元，也是城乡融合发展的基础平台。

2.3.2 县域是城乡协调统筹的基本单元

县域是吸纳人口回流、缓解大、中、小城市压力的重要载体。以县城吸纳农村劳动力、实现就地城镇化的基本单元是县域。就地城镇化是降低城镇化建设成本的最佳选择，是解决"三农"问题、实现农业农村现代化的根本出路。在县域范围内，县城自秦朝建立郡县以来就是农村居民最直接最容易感受和体会城镇生活的地方。县城具有点多、面广、与广大农村联系便捷的优势，其文化氛围与农村接近，且拥有比其他建制镇水平更高的公共服务设施。

县域是城乡共享现代化成果的重要载体。县域公共服务设施供给往往以县城为中心。交通网络、供水排水、垃圾处理等经济型公共服务设施由于对经济增长有突出贡献，有专项财政支持，往往能够做到全面覆盖，但是以医疗、教育、养老为代表的社会型公共服务设施却难以做到均等化供给。这就需要发挥县城的统筹作用和桥梁作用。在县域层面，以县城为核心，以自然村为基础，统筹建立县—镇—村三级公共服务设施体系，其中县城连接大城市优质公服资源供给，并通过公共服务下沉，提高城镇地区公共服务设施对农村的辐射带动能力，逐步实现城乡基本公共服务制度并轨、标准统一。

"县—镇—村"体系经历了三个阶段的空间演变。第一个阶段，在中华人民共和国成立后到1958年前，镇作为具备市场贸易与商品集散功能的空间，是基层商品交易的中心，与村庄共同形成一套集市体系。第二个阶段，1958年到改革开放之前，在"以粮为纲"等政策推动下，农村处于单一经济状态，伴随着"公有化""均等化"等理念的深入，村民的市场交易需求不断减弱，转而集聚到公社参与集中生产与公共生活。在这个阶段，公社能提供完整的生活服务，县—镇—村的内部联系和对外联系均为封闭状态。改革开放后为第三阶段，每一个乡镇作为生产中心与其他镇、县产生差异化的协作联系，县—镇—村之间形成以乡镇为次级中心的网络体系，县镇村三级网络体系基本形成。

　　与城市集中大规模的建设模式不同，乡村建设需要遵循"县—镇—村"三级模式，这也是缩小我国城乡基本公共服务之间较大差距需要遵循的规律。我国乡村是分散又完整的聚居系统，这一特性导致乡村公共服务资源配置普遍难以兼顾公平和效率，也决定了乡村建设需要借助县镇村的等级体系提供公共品。

专栏：中心地理论与"县—镇—村"体系

　　我国县镇村三级行政体系符合县域资源配置规律，可以通过中心地理论理解。由德国城市地理学家克里斯塔勒于1933年在《德国南部中心地原理》一书中提出，通过对德国南部城镇的调查系统阐明了中心地的数量、规模和分布模式，建立起了中心地理论。

　　中心地理论的构建基于一定的假设条件和基本概念："中心地"是指向居住在它周围地域（尤指农村地域）的居民提供各种货物和服务的地方。"中心货物与服务"，分别指在中心地生产的货物与提供的服务，亦可成为中心地职能。中心货物和服务是分等级的，即分为较高（低）级别的中心地生产的较高（低）级别的中心货物或提供较高（低）级别的服务。"中心性"则是指一个地点对围绕它周围地区的相对意义的总和，即中心地所起的中心职能作用的大小。"服务范围"是指消费者愿意去一个中心地得到货物或服务的最远距离，超过这一距离他便有可能去另一个较近的中心地。

从以上条件出发，克里斯塔勒推导了在农村市场服务中心演化基础上发展起来的聚落分布模式。这个模式呈现出正六边形网络的城镇等级体系特征，每个较大的中心地的市场区总是包含了三个比它低一级的市场区，而后低一级的市场区又包含了三个比它更低一级的市场区（图2-2）。

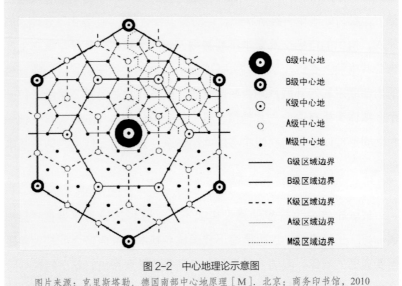

图 2-2　中心地理论示意图
图片来源：克里斯塔勒. 德国南部中心地原理[M]. 北京：商务印书馆，2010

县域是促进城乡要素流动的重要载体。从用地规范来看，县域作为最基本的较为完整的城乡一体单元，最有可能实现县域用地规划的全覆盖和整个行政区的空间统筹[1]。县拥有完整的市场调控主体，有一定的相对独立性和能动性，并具有地域特色。在城乡要素流动加快、区域联系增强的背景下，县域城镇化强调的是基于自然禀赋和区位条件等而逐步形成的具有不同类型小城镇空间发展的过程。市场化经济体系下，县以县城为中心，以乡镇为纽带，以广大乡村为腹地，形成促进商品和服务交换的要素流通体系。

2.3.3　县域是开展乡村建设评价的基本单元

县具有主体管理职能，是明确的行政主体，是实施乡村建设行动的统筹单元，也是开展乡村建设评价的基本单元。目前乡村建设牵

1　李肇娥，赵海春，李铜英. 城乡空间统筹在县城总体规划中的实践：以米脂县城总体规划为例[J]. 城市规划，2009（7）：75-78.

涉主体多，同时涉农资金部门多，容易造成相互推诿、重复建设等问题。通过以县为单元，在县委县政府统一领导下，能够更好地统筹安排涉农资金，对乡村各项建设活动进行协调，完善乡村基本公共服务，缩小城乡差距。根据乡村聚落分散化的特征，农村公共基础设施一体化建设的体系也需要通过县域进行配置，处理好县—镇—村公共服务资源配置体系的效率与公平问题。我国当前的县域发展面临着不平衡不充分的难题，主要体现在县与城市的差距、县与县之间的差距。县具有主体管理职能，是明确的行政主体。同时，县是我国官方明确的统计单位，其数据在组织上可获得、在时间上具有连续性，增强了开展乡村建设评价的可行性。

为进一步提高评价的科学性与应用价值，在评价工作中需要以省为组织单元，更好地发挥省级政府在推动县域发展中的重要作用。在国家行政区划中，省级行政区是落实国家战略、实现资源宏观配置的重要经济区[1,2]。省级行政区内地域特征相近，其自然气候环境和人文环境等特征决定了省内乡村聚落格局具有相似性。但由于我国国土面积大、地理环境复杂、区域发展不平衡的问题普遍存在，不同地区的县之间发展水平差异大，在乡村建设上存在显著地域差异。因此对各个县乡村建设的评价需要将其置身于同个省份语境下进行比较，得出的结论也更有利于省级行政区调整自身乡村建设政策。

1 余学明. 中国省级政府经济职能研究[J]. 中国行政管理，2006（1）：46-50.

2 朱旭峰，赵慧. 政府间关系视角下的社会政策扩散：以城市低保制度为例（1993—1999）[J]. 中国社会科学，2016（8）：95-116，206.

03

乡村建设评价指标体系的构建

● 本章在对联合国可持续发展目标、OECD绿色发展计划、韩国乡村建设评价体系等国外相关乡村建设评价案例进行分析的基础上，基于尊重乡村发展规律，坚持以人民为中心，坚持新发展理念，坚持问题导向、目标导向和结果导向等原则，提出一套致力于绿色发展的乡村建设评价指标体系。指标体系主要由农房建设、村庄建设、县城建设和发展水平四大核心目标构成，共包括19个分解目标，73个指标。通过城乡指标对比、国际水平对标和村民满意度评估三种方式，展示县域乡村建设发展的现状和特征。

建立乡村评价指标是乡村建设理论及实践中必不可少的一环，建立乡村建设评价体系的最终目标是为了能够让人们基于已有的评价结果，及时发现问题，作出科学的决策。通过乡村建设评价，及时准确地评估当前乡村建设的水平，从而明确未来乡村建设的重点，为新时期乡村建设政策的制定提供科学有效的支持。

3.1 乡村评价体系国际案例借鉴

客观、合理、系统地对乡村地区的建设发展现状进行评价，是全世界的政府和组织都在努力追求的工作。迄今为止，英国、日本等发达国家以及欧盟、联合国，已经在乡村建设发展的过程中建立了一系列的乡村建设评价指标体系，从不同的角度来评估乡村发展的现状，为未来的区域发展提供精准的政策建议。

3.1.1 联合国可持续发展目标

《改变我们的世界：2030年可持续发展议程》是国际社会在达成联合国千年发展目标基础上，共同致力于解决人类发展所面临的重大问题所达成的重要共识。这一议程对各国的发展产生着重要的影响。中国政府高度重视这一议程，将联合国可持续发展目标（Sustainable Development Goals，简称SDGs）纳入国民经济和社会发展"十三五"规划和国家中长期整体发展规划。

联合国可持续发展目标体系针对可持续发展所强调的经济、社会和环境三方面的发展目标，初步拟定231个评价指标，并建立指标分级体系。其中，一级指标对应《改变我们的世界：2030年可持续发展议程》所倡导的17个目标；二级指标对应其下属的169个子目标，三级指标对应一、二级目标,支撑具体目标的落实,其内容和数量可根据具体情况进行调整(图3-1)。进一步地,该体系还明确了相关指标的含义、计算方法、适用数据等内容,从而便于各国家和地区根据本地实际情况使用,最终形成对当地可持续发展水平的科学测度[1]。

> [1] 彭舒,陈军,任惠茹,等. 面向SDGs综合评估的指标本地化方法与实践[J]. 地理信息世界, 2022, 29(4): 48-55.

图 3-1 联合国可持续发展目标
图片来源:联合国官方网站

乡村建设和发展是可持续发展目标的重要部分。相对于更加发达的城市地区而言,全世界的大部分农村地区还普遍遭受着贫困、饥饿、缺乏医疗和教育资源、缺乏干净可靠的饮用水资源等一系列严重问题,对人类社会的可持续发展造成了严峻挑战,因此欠发达的农村地区是推进和实现SDGs的关键。尽管近年来中国在脱贫攻坚和乡村振兴等政策方面取得了长足进步,农村地区的基础设施建设、公共服务资源配置以及居民收入水平等方面都得到了显著提升,但中国的城乡二元发展现象仍然十分明显。根据贝塔斯曼基金会(Bertelsmann Stiftung)对中国SDGs实现情况的评估,自2016年以来,中国在SDGs实现方面的进展不断提升,目前已实现了72.1%的总体目标。然而,中国农村发展的区域差异仍然非常明显,总体水平距离SDGs所提出的各项可持续发展目标仍有较大差距。

在未来的乡村发展和建设过程中,SDGs是指导相关政策和项目投资方向的重要依据之一。如 SDG1 无贫困，需要政府部门大力推进农村地区的基础设施建设，加强一、二、三产业融合，为农村地区的就业提供更多保障，提高农村居民的收入；SDG2 无饥饿，就要求保障当前基础耕地的面积和质量，进一步发展农业技术以提高粮食的生产率。SDGs 不仅是全世界的可持续发展的目标，同样也作为关键目标，指导着中国农村建设的方向，因此，SDGs 是我们建立科学、合理、客观的乡村建设评价指标体系的有力借鉴依据。在乡村建设评价中，同样也需要从目标导向的原则出发，根据乡村发展的实际情况和农村居民对美好生活的向往，制定具体的乡村建设评价指标，为农村地区的发展建设提供支持和建议。另外，SDGs 中设立核心目标并分解成若干子目标的方式，同样也可以落实到乡村建设评价体系中，建立乡村建设核心目标并分解成若干目标，再将目标设计成可衡量可持续性的评价指标，用于评价目标的落实情况。

3.1.2 OECD 绿色发展计划

随着全球环境危机的加剧和自然资源的枯竭，绿色增长成为转型发展方式。2011 年，经济合作与发展组织（Organization for Economic Cooperation and Development，简称 OECD）公布了绿色发展计划（Green Growth Strategy），旨在促进经济发展和保护自然资产。通过投资和创新，绿色增长将为持续增长提供基础，并产生新的经济机会[1]。绿色增长鼓励经济增长，以一种平衡环境和长期经济增长的方式发展，更容易被广大发展中国家所接受[2]。绿色发展的本质，就是要协调好社会经济发展与自然生态环境，从而实现可持续发展。需要通过促进创新、投资和竞争，以探索新的经济增长来源（图 3-2）。

为了评估绿色发展战略的实施情况，OECD 提出了绿色发展评价指标体系，主要包括五大方面：生产环境效率指标和生产方式变化、消费环境效率与消费方式变化、自然资本存量和环境质量、客观生活环境质量和主观生活环境质量、经济主体回应。

---

1 OECD（2010a）. Green growth strategy interim report: Implementing our commitment for a sustainable future. Paris: OECD.

2 Popp, D.（2011）. The role of technological change in green growth. New York: Center for Policy Research, The Maxwell School, Syracuse University.

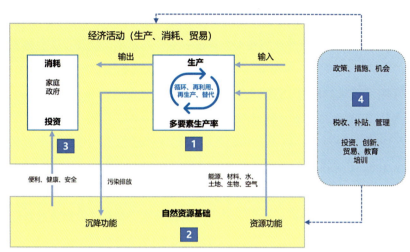

图 3-2　OECD 提出的绿色发展战略评价指标体系
图片来源：OECD 官方网站

致力于绿色发展的乡村建设评价是致力于构建人与自然和谐相处、绿色协调可持续的社会发展模式，绿色发展注重通过技术、市场、政策创新来创造新的绿色经济增长途径，充分考虑中国广大农村的区域性，考虑自然条件、发展水平、区位条件的差异，统筹考虑农村建设发展和自然环境保护，建设宜居宜业和美乡村。

3.1.3　韩国乡村建设评价体系

城乡差距过大是全世界国家在发展过程中普遍遇到的问题。1960年之前韩国在快速城市化和工业化的进程中，忽略了农业发展以及农村地区的建设，从而导致农业和农村跟不上工业和城市发展的脚步。之后农村居民和城市家庭的收入差距进一步拉大，落后的农业生产方式和农民收入导致国内工业产品市场缩小等一系列连带反应，城乡差距问题成为影响城市化进一步发展的严峻问题。

为了解决农村地区日益严重的贫困问题，从 20 世纪 70 年代起，韩国开始开展"新村运动"并取得一系列成效，解决了农村贫困问题，缩小了城乡差距。"新村运动"的主要内容包括增加居民收入、建设基础设施、整顿地区社会、发展社会事业、提高保健水平等方面[1]。韩国通过推行农地租赁计划和大力推进农业科技水平，提升了农户务农的收入，经换算，1970年，韩国农业人口人均农业总产值约为14.3万韩元，到1980年达到69.8万韩元，约为10年前的4.9倍。农户收入从1971年的35.6万韩元增加到1982年的446.5万韩元。同时，到了1980—1990年，韩国农村居民收入与城镇居民收入几乎持平。甚至1982年城镇与农村居民收入比达到了0.97，农户收入超过了城市职工。尽管之后该比值波动上升，但总体来说城乡差距缩小。除了大力发展农业外，韩国还推进农村地区的公共服务和基础设施建设，如加强基础教育、医疗、养老、交通服务等公共服务资源配置，使得农村居民能够接受到更高质量的教育、医疗资源，农村青少年综合素质和居民的生活质量不断提升。到了2000年，有29%的农房完全翻新，25%的家庭实现厨房和浴室现代化，27%农村道路已经铺好，汽车几乎能够到达每个村庄[2]。此外，还有学者认为"新村运动"带来了消除贫困、农民意识改革和管理能力提高的成效，形成了"新村精神"。

为了评估乡村建设中取得的成效，韩国政府相关部门定期开展调查，了解农民和渔民生活的实际状况和满意度水平，用以辅助决策。例如，为了掌握并分析韩国农村地区的医疗保健、社会安全和福利服务等实际情况，韩国国家农村发展局等部门每五年开展一次《农民和渔业福利调查》，从基础生活条件、环境与风景、安全、家庭成员信息和整体生活四大维度，对农民和渔民的生活现状、价值认知和满意度评价等方面进行考察。此外，为了掌握农户经济和农业经营状况的变化，韩国统计厅等部门开展了《韩国农社经济调查》，分成两个维度：农民基本信息调查和农户经济调查，对农民经济水平进行考察。另外，由韩国统计厅负责的每五年开展一次的《韩国农林渔业普查》，从家庭情况、生活质量（包括水和污水设施、燃气设施、电力安全设施、废物处理设施、文化福利设施、本地服务设施）和经济竞争力（牲畜、作物、就业、生产组织）三个方面考察了农民福利。此外，韩国农村经济研究所也展开了《关于农业农村的公众意见调查》，对城市和农村居民分别进行调研，从对农业农村的认识、价值认识、农业

---

1 郑起焕. 韩国新村运动的推进背景及成果[A]//中国的新农村建设与韩国的新村运动：2006年中韩经济合作研讨会文集. 北京：中国计划出版社，2006.

2 韩国农村经济研究所，2019年民意调查结果，2019.（韩文）

农村价值需求、对农业政策的认识和建议等五个方面了解韩国人对农业和农村社区的总体看法。

随着可持续发展和绿色发展概念的普及，2008年，韩国政府发布了"为绿色增长及应对气候变化的废弃物资源、生物质能源对策方案"，而构建一批践行绿色低碳发展方式的乡村就是其中的关键任务。绿色低碳发展方式的乡村，就是在农村日常生活生产中，充分地利用当地可再生能源，减少废弃生产资源浪费，最终通过调整价值导向、更新生产技术、完善管理过程等方式进行农村生产生活的制度创新，建立一个资源高效利用、人和自然和谐相处的新农村。同时，建立了一套绿色乡村评价指标及标准，以评估乡村建设中实现绿色低碳发展的水平和进度，具体包括乡村适应性、资源化体系和推进方法三个目标，各目标下又分设了小目标。

韩国农村所面临的问题、所处的发展阶段以及区位条件与我国农村的发展情况具有一定的相似性，两国在相同阶段的乡村建设现代化水平具有可比性。同时，韩国为了评估乡村建设的水平和阶段性成效开展了多个大规模统计调查，可以将乡村建设指标与韩国开展新村运动的乡村建设水平、满意度水平进行国际比较，找出与国际发展水平较高的村庄的差距，作为乡村建设评价实现目标导向、问题导向的一个手段。这些对于我国的城乡建设和乡村建设评价具有重要的借鉴意义，为建立一个适合中国国情的乡村建设评价指标体系奠定了良好的基础。

3.1.4 欧盟乡村评价指标体系

欧盟于2022年公布了自己的乡村评价计划（From Lonely Place to the Place of Opportunity），希望通过改善那些在空间禀赋、可达性和可连接性较差的区域的乡村建设，使各个地区能够凝聚起来，充分发挥个体的潜力。而这些区域主要以偏远的乡村地区为主，它们长期受到忽略，从而造成了公共服务资源、基础设施、民主选举等机会的短缺。这些农村地区对于实现绿色和可持续发展的欧盟是至关重要的。

为了识别和评估潜在的欠发达偏远地区，该计划通过融合多源、多尺度、大范围的传统和新型数据（包括人口普查、经济普查、地理信息数据等），进行定量化的计算和分析。首先，该计划从人口增长、宽带网络速度、距城市距离、教育可达性、GDP、人均收入、就业率等方面定义和识别欠发达偏远地区；然后对相关指标确定权重和排序，最终识别出欧盟 27 个国家中 1201 个需要加大政策支持的地区。

欧盟的乡村建设评价工作从空间地理联系和公共服务资源可达性的角度对偏远欠发达地区进行评价和识别，揭示出哪些区域因为自然地理条件和发展水平的不足，而限制当地居民对于美好生活的追求和个人潜力的发挥。其评价结果也发现，位于偏远地区的农村更容易落后，政府、社会和公众应该给予更多的关注和投资，帮助这些地区摆脱不平等。

这项研究对于致力于绿色发展的乡村建设评价具有重要的启示。中国农村具有分散、广阔、大规模的特点，各地之间同样存在着巨大的自然禀赋和地理条件差异，其经济发展水平也差异巨大，因此需要对当前的乡村建设和发展水平进行评价，因地制宜地制定乡村发展政策，才能充分地减小城乡和区域差距，加强区域间的联系，提升城乡公共服务资源的均等化，减缓农村地区发展的不平等，满足人民对于美好生活的追求和向往。

3.1.5　英国乡村评价指标体系

为了系统性地了解和评估本国乡村地区的发展现状，为可持续发展的决策和政策提供支持，英国政府开展了全国范围的大规模农村质量评估项目（Countryside Quality Counts projects，简称 CQC）。由于农村地区的发展变化在过去缺少监测和评估，这导致政策制定者对当地的实际发展水平缺乏可靠的了解，因此相关政策的制定没有以科学理论和实践经验为基础。2000年，英国政府发布的农村发展白皮书强调了对本国农村状况以及农村正在发生的变化进行理解的必要性，而其中的关键就是对农村地区的发展质量进行监测，建立系统合理的农村质量变化指标体系[1]。该体系主要考虑以下因素：生物多样性、生活安宁平静、传统遗产保护、景观特征丰富。因此，构建了对英格兰地区的农村质量评价指标体系，评价内容包括树木和林地、边界特征、农业土地覆盖、定居和发展模式、半自然栖息地、历史性的特征和河流及海岸特征七大维度。

在实际的乡村质量评价工作中，CQC项目收集了海量的多源数据，包括社会经济发展和地理大数据。利用多源数据计算各项具体指标的过程包括：①回顾每个农村地区的发展愿景，即根据该地区基础的区域地理条件与自然资源禀赋，评估当前存在的不足和问题，未来政策制定中需要注重完成这些目标，这也是基于目标导向原则的评价方式；②对树木和林地、边界特征等七大农村质量评价维度的发展现状进行评估；③根据以上的分析内容，对该地区总体性质的变化进行判断，从而决定未来的发展和建设重点。综上，CQC是一个对乡村发展质量进行评估的过程，反映了国家和区域尺度上的农村变化的水平，从而帮助政府制定合适的政策。更重要的是，它为人们提供了一个系统的信息体系，这些信息可以用于当前关于农村环境的讨论，以及我们对于乡村发展的期望。

CQC主要是从农村地区自然景观的变化状态来评估农村质量，体现了可持续发展和绿色发展的主题，也为我国的乡村建设评价提供了借鉴意义。在"绿水青山就是金山银山"的新时代发展观念下，农村地区的自然生态环境和人居环境已经成了决定人民幸福生活的重要方面。因此，乡村建设评价除了对区域的经济发展水平进行评估外，也要对人与自然相处的协调与否进行客观评估。

1 Department of the Environment, Transport and the Regions (2000) Our Countryside: The Future – A Fair Deal for Rural England (Rural White Paper).

3.2 构建致力于绿色发展的乡村建设评价指标体系

实施乡村建设评价工作的前提和核心，是建立起一套科学、客观、合理的乡村建设评价指标体系。乡村建设反映的是国家对公共空间的治理与农户对美好生活的向往之间的互动，表现为乡村土地空间上的物质建设，因此乡村建设是可以被观察与量化的。通过将乡村建设活动与城市建设活动的数量和质量进行比较分析，能够清晰地反映城乡发展建设的差距；收集农村居民对乡村各项建设的满意度，能够反映当前乡村建设水平和农户实际需求之间的差距，这为通过指标体系对乡村建设成效与问题进行评价提供可行性。

3.2.1 乡村建设评价指标体系的构建原则

在构建总体思路上，指标体系以通过推动乡村建设缩小城乡差距为总体目标，以"补短板、强弱项"为问题导向，根据科学性、系统性、全面性、可得性、典型性原则，综合理论、政策和案例研究，选取体现乡村建设情况的关键要素和影响因子，构建乡村建设评价指标体系。通过主观评价与客观评价相结合，围绕人民群众对美好生活的愿景，研究农村居民满意度评价的框架与内容。

（1）认识乡村特点，尊重乡村发展规律

如前所述，分散性、地域性是我国乡村的基本特点，农村土地集体所有制和农村集体经济组织是我国农村地区的基本经营制度，这些都是绿色发展理念下乡村建设的前提条件。

乡村建设评价指标体系的构建需要区分乡村与城市在建设方面的差异。从建设条件看，乡村依托稳固的山水格局形成分散而又完整的聚落，与山水林田湖草结成统一体，乡村建设与生态环境的关系更为

紧密。从建设内容看，农房建设是乡村建设的主要内容，基础设施围绕农房进行布局建设，农房建筑风貌决定了乡村整体的风貌。从建设技术看，乡村多为分散聚居形态，基础设施和公共服务设施需县域统筹、分级配置，通过县城—镇—村体系提供公共服务产品。从建设管理方式看，农房建设以农民自我投资为主，房前屋后等公共空间主要由村民使用和维护，乡村建设与乡村治理联系紧密。从发展方向看，乡村地区的发展方向是以县城为主要载体的就地城镇化，乡村现代化也是以县城为主要载体的就地城镇化模式为支撑。

（2）坚持以人民为中心，坚持新发展理念

乡村发展要聚焦于农民群众生产生活中最关心的问题，因此要通过乡村建设评价建立和农民生活息息相关的人性化指标体系，体现当前乡村基础设施建设和公共服务设施运行的水平，反映乡村建设发展的真实情况。

（3）坚持问题导向、目标导向和结果导向的原则

乡村建设评价指标体系的构建，要基于问题导向、目标导向和结果导向的三大原则。

问题导向是指乡村建设评价指标体系要能够发现乡村建设中存在的问题，并通过后续评价工作评估问题解决的程度。习近平总书记强调，每个时代总有属于它自己的问题，只要科学地认识、准确地把握、正确地解决这些问题，就能够把我们的社会不断推向前进。问题导向是从发现乡村建设的短板角度出发，发现问题、分析问题，将问题作为研究制定政策的起点，将下一步工作开展的重点放在最突出的问题上，并通过乡村建设评价指标体系对工作成效进行评估，以评估问题解决的程度。

目标导向是指要把党和国家对人民事业发展的愿景转化为具体行动，即通过乡村建设评价指标体系的设定，对应国家、省市的目标，落实国家政策。通过乡村建设评价，将党和国家的总体目标细分为具

体的分解目标，通过评价数据与省市制定的目标对比，能够看到目标实现的程度，有效引导乡村建设按照国家政策方针落实。

结果导向是指以评价结果作为判定成效的方式，以此作为行政管理手段。以结果为导向，就是看乡村建设的最终成果是不是更公平地惠及了最广大人民群众，得到了人民的认可。乡村建设评价指标体系通过村民满不满意、有没有惠及农民、收入有没有增加、农村人居环境质量是否提升、城乡差距有没有缩小等方面对结果进行衡量。

3.2.2 乡村建设评价指标体系的内容

农房是乡村聚落的本体，是农村家庭重要的资产沉淀。农房建设的水平，既反映了农业农村现代化的水平，也反映了村民生活的富裕程度。农村公共品（如基础设施和服务设施）围绕农村居民点进行布局，但随着农民生产生活方式的变迁，其供给需要充分考虑县—镇—村分级体系的建设。其中，县城发挥了促进城乡融合发展的纽带作用，提高县城建设水平成为缩小城乡差距的重要内容。上述最终结果体现在县域的发展水平上。充分考虑指标的科学性、客观性、可行性，构建了一套包括发展水平、农房建设、村庄建设和县城建设4大核心目标、19个分解目标、共73项指标的评价体系（表3-1）。

乡村建设评价指标体系 表3-1

核心目标	分解目标	序号	指标名称
一、发展水平	（一）农民收入水平	1	城乡居民人均可支配收入比
		2	农村居民人均可支配收入/元
		3	人均城乡居民储蓄存款余额/（万元/人）
		4	人均金融机构各项贷款余额/（万元/人）

续表

核心目标	分解目标	序号	指标名称
一、发展水平	（二）政府财力水平	5	人均财政收入/（万元/人）
		6	人均财政支出/（万元/人）
	（三）就业发展水平	7	县域常住人口与户籍人口比
		8	县域返乡人口占比/%
		9	城镇调查失业率/%
	（四）产业发展水平	10	一、二、三产比重
		11	人均GDP/（万元/人）
		12	耕地流转面积占比/%
		13	县域农机合作社数量/个
		14	农产品加工业与农业总产值比
	（五）治理水平	15	村集体收入小于10万元的行政村占比/%
		16	村民参与村集体活动的积极性
		17	上一年度行政村村民投工投劳平均人次/（人次/村）
	（六）生态环境	18	地表水水质优良（I～III类水质）占比/%
		19	环境空气质量达标率/%
二、农房建设	（七）住房现代	20	农村人均住宅建筑面积/（m²/人）
		21	使用预制板建造的农房占比/%
		22	新建农房有设计方案或采用标准图集的占比/%
		23	排查出的C级和D级农村危房完成整治的占比/%
		24	有水冲式卫生厕所的农房占比/%
		25	有独立厨房的农房占比/%
		26	日常可热水淋浴的农房占比/%

续表

核心目标	分解目标	序号	指标名称
二、农房建设	（七）住房现代	27	农村集中供水入房率 /%
		28	农村饮用水水质合格率 /%
		29	使用燃气的农户占比 /%
		30	县域在册乡村建设工匠数量 /人
	（八）风貌特色	31	风貌协调度
		32	履行审批手续的农房占比 /%
三、村庄建设	（九）村级公共服务质量	33	行政村幼儿园覆盖率 /%
		34	行政村卫生室覆盖率 /%
		35	村级养老服务设施覆盖率 /%
	（十）环境宜居	36	村庄整洁度
		37	农村生活垃圾收运至县、镇处理的自然村占比 /%
		38	实施垃圾分类的自然村占比 /%
		39	对污水进行处理的自然村占比 /%
		40	污水处理设施在运行的自然村占比 /%
		41	公厕有专人管护的行政村占比 /%
		42	村内通户道路硬化占比 /%
		43	百人智能手机数 /（台/百人）
四、县城建设	（十一）密度强度	44	县城人口密度 /（人/km²）
		45	县城建地比
		46	上一年度县城新建 6 层及以下住宅占比 /%
		47	上一年度县城新建的集中硬地面积小于 2hm² 的广场面积 /hm²
		48	县城建设与自然环境协调度
		49	县城水域面积变化率 /%

续表

核心目标	分解目标	序号	指标名称
四、县城建设	（十二）教育服务	50	县城市重点及以上高中数/个
		51	县域开展远程教育的学校占比/%
		52	县城高中高级教师及以上的教师占比/%
		53	县城义务教育学校中农村学生占比/%
		54	在校寄宿的中学生占比/%
		55	上一年度县域考取一本高校的考生占比/%
	（十三）医疗服务	56	县城二甲及以上医院数/个
		57	开展远程医疗的医院和乡镇卫生院占比/%
		58	县域千人医疗卫生机构床位数/（张/千人）
	（十四）养老服务	59	县域养老机构护理型床位占比/%
	（十五）生产服务	60	农产品批发市场数量/个
		61	物流货仓数量/个
	（十六）交通服务	62	县城路网密度/（km/km²）
		63	县城步行道密度/（km/km²）
		64	上一年度县城新建红线小于40m的道路占比/%
	（十七）住房服务	65	房价收入比
		66	县城购房者中农村居民占比/%
		67	上一年度县城新建建筑中基本级及以上的绿色建筑占比/%
	（十八）市政设施服务	68	县城污水集中收集率/%
		69	县城、建制镇污水处理率/%
		70	县城、建制镇生活垃圾无害化处理率/%
	（十九）乡镇建设	71	乡镇商贸中心覆盖率/%
		72	乡镇农资经营网点覆盖率/%
		73	乡镇农房建设管理人员数/（人/千人）

（1）农房建设

农房是评价当地乡村经济发展水平和社会繁荣程度的直观指标。一方面，农房是村民收入水平和乡村发展水平的重要表征。在中国农村地区，房屋是家庭最重要的财富投资和积累，也是社会地位的象征。农房既是农村人居生活最基本的载体和空间，反映了当地的地理环境特征；也是农村居民物质财富的叠加以及对美好生活想象的具象化实践。民众安居乐业的"居"，即以农房为核心的人居环境。在当前，农房是否使用水冲式厕所成为衡量住房现代化水平和农民生活现代化水平的重要标志。另一方面，农房是牵动乡村各项建设的"牛鼻子"。乡村各类基础设施和服务设施网络以农房为核心节点，农房和村庄公共空间建设紧密相连，是村庄各种基础设施发挥功能、提升农户生活水平的载体，农房的规模大小与分布方式影响各项基础设施和公共服务建设方式的选择。乡村建设中农房建设是抓手，牵动村庄规划、环境美化、设施完善、生态保护。

因此，农房建设评价旨在引导农民建设安全、舒适、现代、美观的住房，并发现农房建设在现代化建设中仍存在的问题。具体从住房现代、风貌特色两个分解目标展开评价。

住房现代：加快村庄建设现代化，对于改善农民生产生活条件，增强农民群众获得感、幸福感、安全感具有重要意义。住房现代从农村人均住宅建筑面积（m²/人）、使用预制板建造的农房占比（%）、新建农房有设计方案或采用标准图集的占比（%）、排查出的C级和D级农村危房完成整治的占比（%）、有水冲式卫生厕所的农房占比（%）、有独立厨房的农房占比（%）、日常可热水淋浴的农房占比（%）、农村集中供水入房率（%）、农村饮用水水质合格率（%）、使用燃气的农户占比（%）、县域在册乡村建设工匠数量（人）11个具体指标进行评价。

风貌特色：加强乡村特色风貌保护是留住乡愁、建设美丽宜居乡村的应有之义，对全面推进乡村振兴具有重要意义。习近平总书记考察云南时强调，新农村建设一定要走符合农村实际的路子，遵循乡村自身发展规律，充分体现农村特点，注意乡土味道，保留乡村风貌，留得住青山绿水，记得住乡愁。风貌特色从风貌协调度、履行审批手续的农房占比（%）2个具体指标进行评价。

（2）村庄建设

村庄是农村居民生活和进行农业生产的聚落，国家通过对村庄的投资和治理实现了国家和农户关系的构建。村庄需要针对青年、老人、儿童等不同年龄人群的需求，提供现代化的住房居住服务、医疗服务、养老服务、幼儿教育服务、娱乐休闲等，建设基础设施基本完备、公共服务普惠可及的宜居宜业和美乡村。村庄的公共服务供给需要考虑乡村的特征，如农村地区以互助养老为特点，村庄的养老设施与服务供给需要与农村地区的养老习惯相适应。村庄的公共活动空间是保持活力、促进邻里交往的主要要素，宜于房前屋后、村头巷尾布置；同时考虑村庄的乡土特征，营造具有地方特色的村容村貌。村庄现代化程度也关系到数亿农村居民的生活水平，村庄现代化既反映了数亿农村居民对美好生活的向往，也是建设农业强国、美丽中国的应有之义。

村庄建设考虑整个村庄的公共服务能力和环境宜居水平，以评价村庄现代化和宜居水平为重点，关注村级公共服务质量和环境宜居两大分解目标。

村级公共服务质量：从百姓身边事着手，从城乡协调发展着眼，不断提升村级公共服务质量，让乡亲们的生活更加幸福安康。村级公共服务质量从行政村幼儿园覆盖率（%）、行政村卫生室覆盖率（%）、村级养老服务设施覆盖率（%）3个具体指标进行评价。

环境宜居：改善农村人居环境，建设美丽宜居乡村，是实施乡村振兴战略的一项重要任务。环境宜居从村庄整洁度，农村生活垃

圾收运至县、镇处理的自然村占比（%），实施垃圾分类的自然村占比（%），对污水进行处理的自然村占比（%），污水处理设施在运行的自然村占比（%），公厕有专人管护的行政村占比（%），村内通户道路硬化占比（%），百人智能手机数（台/百人）8个具体指标进行评价。

（3）县城建设

县城是实现农民就地城镇化的重要载体。县城作为乡村的地域中心，长期承担区域的商贸中心、教育中心、卫生医疗中心等功能，服务着大量农村人口。当前以"小镇青年"为代表的年轻农村居民的消费观念与大城市接近，消费能力日益增强，对子女就学、医疗服务、休闲购物等公共服务要求不断提升。县城等级较高的教育、医疗、养老等基本公共服务设施，可支付的住房负担和宜居便利的城镇环境让农村居民倾向在县城定居落户。伴随农业转移人口和返乡进城务工人员在县城安家定居的趋势日益明显，传统的县城公服资源配置方式难以满足需求。县城是衔接城市和乡村的媒介，对于促进城乡公共服务资源的合理配置、实现县域一、二、三产业融合发展具有至关重要的地位。提高县城服务水平成为缩小城乡差距的重要方式。

县城建设评价旨在衡量乡村建设是否实现缩小城乡差距目标和发现县城建设的短板弱项，明确"补短板、强弱项"的建设方向。县城建设从密度强度、教育服务、医疗服务、养老服务、生产服务、交通服务、住房服务、市政设施服务、乡镇建设9个分解目标进行评价。

密度强度：通过密度强度反映县城建筑物建设是否符合发展的需求、是否和自然环境相和谐。县城建设既要能够满足农村居民城镇化的需求，又要考虑实际建设能力和需求，实现绿色发展。密度强度从县城人口密度（人/km²）、县城建地比、上一年度县城新建6层及以下住宅占比（%）、上一年度县城新建的集中硬地面积小于2hm²的广场面积（hm²）、县城建设与自然环境协调度、县城水域面积变化率（%）6个具体指标进行评价。

教育服务：旨在调查县域教育资源数量、教育工作开展情况以及取得成效，其从县城市重点及以上高中数（个）、县域开展远程教育的学校占比（%）、县城高中高级教师及以上的教师占比（%）、县城义务教育学校中农村学生占比（%）、在校寄宿的中学生占比（%）、上一年度县域考取一本高校的考生占比（%）6个具体指标进行评价。

医疗服务：旨在分析县域医疗服务能力和辐射能力，以及城乡医疗差距，从县城二甲及以上医院数（个）、开展远程医疗的医院和乡镇卫生院占比（%）、县域千人医疗卫生机构床位数（张/千人）3个具体指标进行评价。

养老服务：当前县域养老以家庭养老为主，但是针对困难群体，则需要通过政府提供兜底养老服务。因此，根据县域养老机构护理型床位占比（%）这一指标对县域养老服务能力进行分析。

生产服务：指县城是否有专业的农业生产和物流服务场所为农村居民的农业生产提供服务，以提升当地的农业发展和居民收入，从农产品批发市场数量（个）、物流货仓数量（个）2个具体指标进行评价。

交通服务：是指县城的交通道路建设规模和水平。县城作为县域城镇化最高的地区，需要建设足够的交通基础设施为物流提供支持。因此，提出了县城路网密度（km/km²）、县城步行道密度（km/km²）、上一年度县城新建红线小于40m的道路占比（%）3个具体指标衡量县城的交通服务能力。

住房服务：是指县城能否为县域农村居民提供足够的住房服务和住房建设质量。农村居民除了自建房外，在城镇化的背景下同样存在向城镇地区迁移的趋势，以获得城市的公共服务和更好的人居环境。因此，提出了房价收入比、县城购房者中农村居民占比（%）、上一年度县城新建建筑中基本级及以上的绿色建筑占比（%）3个具体指标反映县城建筑的绿色节能建设水平和住房负担水平。

市政设施服务：农村地区的垃圾废物排放需要在本地建设污水管道和安排专门的垃圾回收人员，集中运输到县城的污水和垃圾回收站进行统一处理。因此，县域农村的废物和污水处理依赖于县城的市政设施服务。提出了县城污水集中收集率（%）、县城建制镇污水处理率（%）和县城建制镇生活垃圾无害化处理率（%）3个具体指标评价县城的市政设施服务水平。

乡镇建设：农民的生活和农业生产依赖于乡镇为其提供商贸和农资销售服务。另外，农村地区新建农房为了提高安全水平和外观风貌，需要乡镇的农房建设管理人员进行规划审批和指导。因此，提出了乡镇商贸中心覆盖率（%）、乡镇农资经营网点覆盖率（%）和乡镇农房建设管理人员数（人/千人）3个具体指标反映县城的乡镇建设水平。

（4）发展水平

乡村建设旨在实现"产业兴旺、生态宜居、乡风文明、治理有效、生活富裕"的乡村振兴二十字方针，其结果反映在县域人口活力、产业水平、生态水平、治理水平等发展水平方面。政府、村集体和村民的多方主体需要在乡村建设中共同参与发力，从而切实推动全面乡村振兴和实现共同富裕。其中，构建宜居有序、人与自然和谐相处的村庄环境是实施乡村建设行动的重要前提。乡村建设必须从过去以牺牲生态环境为代价的短期发展思路，转变为通过塑造美好山水自然生态环境推动农村现代化的新型发展模式。对发展水平的度量是评价的核心，也是乡村振兴成效的重要表征。通过评价以结果导向来整体分析县的乡村建设水平与县在省内的发展水平，对乡村整体情况进行把脉问诊。

因此，基于五大文明建设和乡村振兴二十字方针，从农民收入水平、政府财力水平、就业发展水平、产业发展水平、治理水平、生态环境6个分解目标进行评价。

农民收入水平：指农村地区居民的整体收入情况，因此提出了农村居民人均可支配收入（元）、人均城乡居民储蓄存款余额（万元/人）和人均金融机构各项贷款余额（万元/人）3项具体指标。另外，为了反映农村地区和所在地级市的城市居民收入差距，以体现城乡发展水平差异，还提出了城乡居民人均可支配收入比指标；本项合计4个具体指标。

政府财力水平：反映的是区域政府的财政收入水平。农村地区的基础设施建设和公共服务主要依靠政府集中投资，更高的财政收入意味着政府能够建设更多的农村基础设施，以及提升人居环境治理水平。因此，提出了人均财政收入（万元/人）和人均财政支出（万元/人）2个具体指标。

就业发展水平：是指县域农村提供就业岗位的能力。在当前中国城镇化进程的背景下，受到户籍福利制度、流动成本、生活压力等因素影响，出现了外出居民返乡和就地城镇化的趋势。因此，县域需要发展更多的非农产业，承接当地的劳动力人口，既创造产业价值又能提升居民收入。为了衡量县域农村的就业发展水平，提出了县域常住人口与户籍人口比、县域返乡人口占比（%）和城镇调查失业率（%）3个具体指标。

产业发展水平：是指县域农村各个产业的规模和增长水平。产业发展代表了县域农村的生产力，能够体现一个区域的整体发展水平，以及为乡村建设提供产业支撑的能力。提出了一、二、三产比重指标来反映产业的结构，人均GDP（万元/人）指标反映产业规模，耕地流转面积占比（%）、县域农机合作社数量（个）和农产品加工业与农业总产值比指标反映农业的发展情况；本项合计5个具体指标。

治理水平：是指村民、村集体参与村庄治理的情况。农村地区由于其分散而广阔的地理特征，村庄建设需要依靠村民和村集体充分发挥主体性，积极参与到村庄治理中，实现美好环境和幸福生活共同缔造。因此，提出了村集体收入小于 10 万元的行政村占比（%）、村民参与村集体活动的积极性和上一年度行政村村民投工投劳平均人次（人次/村）3 个具体指标。

生态环境：农村的生态环境是影响社会经济发展和居民宜居水平的重要因素。农村地区影响农村建设和居民生产生活的环境因素主要是水质和空气质量，因此提出了地表水水质优良（Ⅰ~Ⅲ类水质）占比（%）和环境空气质量达标率（%）2 个具体指标。

3.2.3 刻画县域乡村建设特征的方法

致力于绿色发展的乡村建设评价从三大维度刻画了县域乡村建设的特征和差异（图 3-3）。首先，通过对比城市和乡村在社会经济发展水平、公共服务能力等反映城乡之间的建设水平差距；其次，通过比较中国和其他国家乡村建设发展之间的差距体现当前农村建设的现代化水平；最后，从村民对乡村建设各项的满意度中了解当前建设水平和群众切实需求之间的差距。以上基于参考值法进行的三大维度对比，能够通过定量测度指标值和参考值之间的差距，直观反映中国乡村建设发展中存在的问题和不足，最终以评价结果指导和推动实际的乡村建设行动。基于参考值法构建的乡村建设评价指标体系，反映了问题导向、目标导向、结果导向的战略思维，有助于构建"开展评价—发现问题—推动解决"的闭环系统。

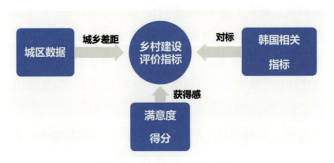

图 3-3 乡村建设评价三大维度
图片来源：作者绘制

(1) 和县所在市辖区比较,刻画城乡差距

发现乡村建设短板,缩小城乡差距是乡村建设评价工作的重要内容。从乡村建设评价指标体系中确定 13 个指标作为城乡比较的主要指标,通过样本县与样本县所在地级市市辖区进行比较,分析样本县在发展水平、公共服务配套水平等方面存在的城乡差距(表 3-2)。将样本县所在地级市市辖区作为对标对象,避免了不同乡村之间差异较大而难以寻求统一标准的问题。

样本县所在城市指标数据表　　表 3-2

序号	指标名称	数据来源	数据范围
1	城市城镇居民人均可支配收入/元	市统计部门	县所在地级市的市域范围数据
2	城市人均财政收入/(万元/人)	市财政部门和统计部门	
3	城市人均财政支出/(万元/人)	市财政部门和统计部门	
4	市辖区人均 GDP/(万元/人)	市统计部门	县所在地级市所有市辖区的数据
5	市辖区地表水水质优良(Ⅰ~Ⅲ类水质)占比/%	市生态环境部门或水务(水利)部门	
6	市辖区环境空气质量优良天数比率/%	市生态环境部门	
7	市辖区高中高级教师及以上的教师占比/%	市教育部门	
8	市辖区上一年度考取一本高校的考生占比/%	市教育部门	
9	市辖区千人医疗卫生机构床位数/(张/千人)	市卫生或统计部门	

续表

序号	指标名称	数据来源	数据范围
10	上一年度市辖区新建建筑中基本级及以上的绿色建筑占比/%	市住房和城乡建设部门	县所在地级市所有市辖区的数据
11	市辖区污水集中收集率/%	市住房和城乡建设部门或统计部门	
12	市辖区污水处理率/%	市住房和城乡建设部门或统计部门	
13	市辖区生活垃圾无害化处理率/%	市住房和城乡建设部门或统计部门	

（2）国际比较，刻画国际差距

将国内乡村建设水平与韩国自"新村运动"以来农村现代化水平较高的韩国乡村建设进行比较，明确我国乡村建设现代化的未来发展方向（图3-4）。韩国通过20世纪70年代的"新村运动"快速提升了基础设施水平和农村人口收入，缩小了城乡差距，其农村现代化水平到现在依然保持较高水平。韩国与我国同位于东亚地区，地缘相近，其乡村建设发展轨迹可为我国借鉴。

（3）满意度分析，刻画人民的幸福感和获得感

通过问卷调查获取村民满意度，衡量当前乡村建设水平与村民期望的差距。村民在乡村建设中居于主体地位，村民的获得感、幸福感直接反映了乡村建设成效。结合乡村建设评价指标体系的四大维度构建村民满意度调查问卷，获取村民在发展水平、公共服务、住房条件、村庄环境等方面的感知，分析村民生产生活方式的变化，评估村民在乡村建设中的获得感、幸福感，研判新型城镇化的发展趋势。

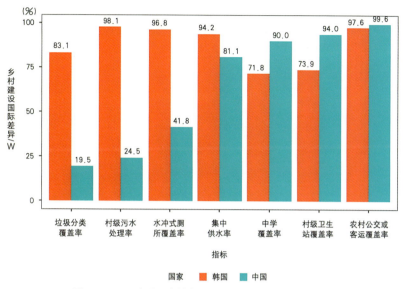

图 3-4 2020年我国乡村建设水平与韩国农村现代化的差异

图片来源：李郇，黄耀福，陈伟，等. 乡村建设评价体系的探讨与实证：基于4省12县的调研分析［J］. 城市规划，2021，45（10）：9-18

04

乡村建设评价的工作体系

● 本章提出了致力于绿色发展的乡村建设评价工作开展的体系。乡村建设评价工作以省为组织单元,采用从省到县自上而下开展的组织方式,同时配备省级专家团队辅助工作的开展。在工作内容上,乡村建设评价建立"设定目标、开展评价、查找问题、推动解决"的工作闭环,让评价结果能够统筹推进乡村建设的进程。在实际调研中,针对县政府、乡镇干部和村庄调研的侧重点和主要内容各有侧重。在评价报告撰写过程中,多源数据的比较分析、发现问题并溯源以及成果应用总结是需要重视的内容。

4.1 组织方式

乡村建设评价工作以省为组织单元，以县为基本评价单元，以第三方专家团队为评价主体，构建了自上而下、纵向到底的工作组织模式。在这套工作组织模式中，省级主管部门主要负责省内乡村建设评价工作的统筹协调，市级部门主要负责配合提供地级市指标数据，样本县和第三方专家团队主要负责评价工作的具体落实与开展。

4.1.1 省级主管部门主要工作内容

省级行政区是落实国家战略、实现资源宏观配置的重要经济区。省级行政区内地域特征差异相对较小，乡村聚落格局具有相似性，在省级行政区内对样本县的乡村建设情况进行评价和比较，得出的结论也更有利于省级主管部门调整乡村建设的政策。省级层面的工作通常由省住房和城乡建设部门牵头完成，主要负责省级层面的统筹协调工作，保障乡村建设评价工作有序开展，推动对乡村建设评价成果的应用。具体的工作内容包括：

（1）省住房和城乡建设部门牵头建立乡村建设评价工作机制，组建第三方团队作为省级专家团队具体负责开展评价工作。

（2）省住房和城乡建设部门协调样本县及其所在地级市配合做好相关工作。指导样本县做好动员部署、数据采集等相关工作，协调样本县所在地级市提供用于城乡对比的有关城市数据。

（3）省住房和城乡建设部门结合本地区的实际情况，对要求设置预期值的指标分别设置2022年和2025年的预期值，将其作为发现乡村建设问题短板的重要依据。

（4）省住房和城乡建设部门组织省级专家团队分析数据、撰写报告，审阅报告并提出修改意见，对报告质量进行把关。

（5）省住房和城乡建设部门针对评价发现的问题，会同有关部门制定工作方案，明确责任分工和完成时限，完善相关政策，指导样本县有针对性地补齐乡村建设短板，逐步形成"开展评价、查找问题、推动解决"的工作机制，统筹推进乡村建设各项工作。

（6）省住房和城乡建设部门及时总结和宣传各样本县开展乡村建设评价、应用评价成果解决问题的做法和成效，在省内形成示范效应，扩大乡村建设评价范围。

4.1.2 地级市主要工作内容

市级层面的工作通常由市住房和城乡建设部门牵头完成，主要负责对样本县进行动员部署，协调收集城市指标数据，推动样本县应用乡村建设评价成果。具体的工作内容包括：

（1）市住房和城乡建设部门派相关负责人参加样本县的动员部署培训会，对样本县开展动员并部署具体工作内容，指导评价工作开展。

（2）市住房和城乡建设部门协调地市级有关部门提供城乡比较所需要的地级市指标数据，按要求提交给省级专家团队。

（3）市住房和城乡建设部门指导样本县针对评价发现的问题，提出有针对性的解决措施，有序解决查找出的问题和短板，统筹推进乡村建设各项工作。

4.1.3 样本县主要工作内容

县历来是国家行政管理的基础层次，也是落实政策最直接的统筹平台。县级政府具有明确的管理职能，是明确的行政主体，以县为基本单元开展评价工作更有利于评价结果的应用。样本县层面的工作涉及的分管部门较多，需要由县委县政府牵头，由县住房和城乡建设部门负责具体的统筹协调，保证乡村建设评价工作的数据采集、实地调研等环节顺利完成，并积极应用评价成果。具体的工作内容包括：

（1）县委县政府负责牵头建立乡村建设评价工作机制，明确由住房和城乡建设等部门组织协调，农业农村、统计、教育、医疗、民政、生态环境、自然资源等部门参与。制定实施方案，明确部门分工、实施步骤和保障措施。

（2）县委县政府组织召开动员部署暨培训会，组织县级相关部门、各乡镇具体负责同志参加，部署数据采集、实地调研等工作。

（3）县住房和城乡建设部门组织开展数据采集。参照《乡村建设评价指标体系填写指南（县级政府部门使用）》，组织县级相关部门提供指标数据。由县住房和城乡建设部门确定一名负责人员，收集汇总各部门上报的数据，在乡村建设评价信息系统填报。组织开展村民和村干部问卷调查、村景照片采集等工作。

（4）县住房和城乡建设部门配合专家团队开展实地调研，指定1~2名负责人员，协调安排省级专家团队的调研行程，并全程陪同专家团队开展实地调研。

（5）县委县政府积极应用评价成果，对样本县乡村建设评价报告提出反馈意见。针对评价发现的问题，制定工作方案，提出有针对性的解决措施，纳入乡村建设重点工作，明确责任分工和完成时限，有序解决查找出的问题和短板,统筹推进乡村建设各项工作。

4.1.4 省级专家团队主要工作内容

通过组建第三方团队开展乡村建设评价工作,一方面能够减轻地方政府部门的工作压力,另一方面也能够提高评价结果的真实性和客观性。省级专家团队由省级主管部门组建,通常由省内从事城乡规划、乡村规划等相关领域的高校或科研机构组成。主要负责对样本县开展培训、实地调研、撰写评价报告等工作。具体的工作内容包括:

(1)省级专家团队参加样本县组织的动员部署暨培训会,讲解指标体系、数据采集、问卷调查、村景采集、现场调研等工作的具体内容。同时向样本县有关部门收集县情资料,用于掌握样本县的基本情况。

(2)省级专家团队与样本县有关部门开展座谈。通过开展座谈,了解样本县在县城建设、乡村建设等方面的基本情况、问题短板、下一步工作计划等。对于上一年度的评价样本县,需要重点了解评价成果应用情况,包括采取的措施、出台的政策、取得的成效和典型案例等。

(3)省级专家团队核实并填报样本县上报数据。对样本县上报数据进行分析校核,如发现不合理数据与样本县进一步核实。整理分析问卷调查获得的指标数据,汇总城市指标数据,在乡村建设评价信息系统进行填报。

(4)省级专家团队在样本县至少选择3个乡镇,在乡镇至少选择3个行政村进行实地调研,包括开展村民访谈、村干部访谈、村景照片采集、实地考察等。收集乡村建设评价成果应用、乡村建设成效和问题的具体案例。

（5）省级专家团队分析采集数据，结合实地调研的情况，总结成果应用情况，评价各样本县的乡村建设成效，梳理存在的突出问题和短板，提出工作建议，形成省和样本县的乡村建设评价报告。

4.2 建立工作闭环

以开展乡村建设评价为工作抓手，构建一套"设定目标—开展评价—查找问题—推动解决"的乡村建设闭环系统，形成省—县—村的资源配置与项目传导机制，探索具有中国特色的乡村建设模式。

4.2.1 设定目标：各省、自治区、直辖市对指标设置预期值

住房和城乡建设部在乡村建设评价指标体系中选取其中的37项指标，要求参与评价工作的28个省、自治区、直辖市的省级主管部门设置预期值，确定各地每年的乡村建设进展目标，逐年提高乡村建设水平。在预期值的设定上，省级主管部门以上一年度全国样本县乡村建设评价指标平均值为基数，对照国家和省级"十四五"相关规划及有关政策文件要求，同时结合本地实际发展水平，合理设置2022年和2025年的指标预期值。

通过逐项量化指标值与预期值之间的差距，能够更加直观地判断

乡村建设取得的成效和存在的具体问题，体现了乡村建设评价的目标导向思维，使评价结果具有指导乡村建设性行动的现实意义。

4.2.2 开展评价：样本县和省级专家团队开展评价工作

乡村建设评价工作构建了包括省、市、县和省级专家团队在内的自上而下的工作组织模式。其中，样本县是开展评价工作的基本单元，省级专家团队是开展评价工作的主体，评价工作的核心内容由样本县和省级专家配合完成。样本县主要负责评价工作的统筹协调，根据要求完成指标数据上报、问卷调查、村景照片拍摄等数据采集工作。省级专家团队主要负责到样本县开展实地调研，通过与有关部门进行座谈和入村开展实地调研了解样本县乡村建设的情况。此外，省级专家团队还需要指导和督促样本县按照要求完成相关的数据采集工作。

4.2.3 查找问题：省级专家团队分析数据查找问题短板

省级专家团队需要对样本县上报的指标数据和收集的问卷数据进行校核和清洗，将样本县的数据结果与省样本县平均值、全国样本县平均值进行比较，将样本县的指标数据进行城乡比较和国际比较，结合村民满意度评价，总结样本县乡村建设的成效，查找样本县乡村建设的问题和短板，撰写评价报告。

通过开展乡村建设评价工作，能够客观地发现我国在乡村建设上的问题和突出短板，评估村民在乡村建设中的幸福感和获得感，明确乡村建设的重点任务，为各级政府部门制定乡村建设政策和目标提供依据。

4.2.4 推动解决：运用评价结果统筹推进乡村建设

通过运用乡村建设评价结果推动乡村建设项目的生成与实施是开展乡村建设评价的重要目标之一。省级主管部门和样本县的县委县政府要针对评价发现的问题短板制定乡村建设评价成果应用工作方案，提出有针对性的措施，完善相关政策，找准补短板惠民生的突破口，加强对样本县的指导，提升乡村建设水平，逐步形成"开展评价—查找问题—推动解决"的工作机制。

乡村建设是一项系统性工程，建设项目涉及的分管部门数量多，项目建设的持续时间长，因此在运用评价成果推动乡村建设的过程中，需要将县域作为项目统筹的平台。由县委县政府牵头，会同有关部门，明确乡村建设的主要目标和重点任务，确定重点项目和重点工程及其建设时序，全面统筹乡村建设项目的生成与实施。

4.3 实地调研的重点

开展实地调研是乡村建设评价工作的核心内容，是发掘样本县乡村建设成效和经验、查找乡村建设问题和短板的最直接途径，是后续撰写乡村建设评价报告的基础。省级专家团队是开展样本县实地调研的主体，具体的调研内容包括县政府座谈、乡镇干部访谈、村庄调研三方面。合理高效地开展实地调研工作，能够起到事半功倍的效果。

4.3.1 县政府座谈：谈指标，谈问题，谈变化

省级专家团队与样本县有关部门开展座谈，从县域层面了解当地开展乡村建设和应用评价成果等方面的情况，具体包括在开展乡村建设工作中面临的问题、工作经验与措施创新等。通常情况下，座谈会需要由县政府牵头组织，参与座谈的样本县有关部门包括县委县政府、县统计局、县住房和城乡建设局、县农业农村局、县生态环境局、县教育局、县卫健委、县民政局、县发改局等，还包括各个乡镇的主要负责人。在座谈过程中，省级专家团队需要重点从以下三个角度出发进行交流：

谈指标。省级专家在座谈过程中需要以乡村建设评价指标体系为核心，围绕指标体系涵盖的维度和重点关注的内容展开交流。重点关注农房质量安全、农房现代化改造、村庄人居环境整治、县城和乡镇建设等方面的内容。

谈问题。省级专家团队在座谈过程中需要坚持问题导向，重点关注样本县在开展乡村建设工作中的问题和短板，与各有关部门交流其在实际工作开展过程中遇到的困难。

谈变化。对于曾经开展过乡村建设评价工作的样本县，省级专家团队在座谈过程中需要重点关注其应用评价工作成果的情况，具体采取了什么措施去推动解决评价发现的问题和短板，取得了什么成效。对于首次开展乡村建设评价工作的样本县，省级专家团队可以重点关注其在乡村建设领域的经验举措。

在座谈过程中，为避免有关部门通过念材料的方式汇报工作开展情况，省级专家团队可以提前拟定较为详细的访谈提纲，依据访谈提纲与有关部门开展有针对性的讨论与交流。在座谈结束后，省级专家团队要根据座谈内容及时整理所需要的相关统计数据、工作简报、经验案例等收资清单，会后向有关部门及时补充收资。

> **专栏：县政府座谈示例**
>
> 广东省翁源县连续两年开展乡村建设评价。上一年度的评价报告中指出翁源县在农村污水处理和垃圾分类等方面存在短板。省级专家团队针对这些方面进行重点提问。例如：
>
> 问题1：与上一年度相比，本年度村级污水处理设施的覆盖率有没有提高？针对污水设施接入户比例不高的问题，有没有采取相应的措施进行解决？污水处理设施后续的管理维护工作有没有做哪些方面的改进？
>
> 问题2：翁源县在本年度有没有采取政策措施推动农村垃圾分类的普及工作？全县开展垃圾分类的自然村占比是否有提高？之前开展垃圾分类的9个试点村目前的情况如何？

4.3.2 乡镇干部访谈：谈问题、问经验

省级专家团队与乡镇主管建设的干部进行访谈，了解乡镇政府在开展乡村建设工作中面临的问题等。在访谈过程中，需要重点从以下两个角度出发进行交流：

谈问题。乡镇政府在落实上级部门的政策措施，实际开展乡村建设的工作过程中，会遇到各种情况和问题。省级专家团队需要坚持问题导向，重点关注乡镇政府在具体落实上级部门的政策措施的过程中所遇到的困难与阻力。此外，镇区对于农村地区的辐射带动作用越来越重要，因此同样需要关注镇区建设存在的问题和短板。

问经验。针对实际开展乡村建设工作的过程中所遇到的各种情况和问题，乡镇政府会采取一些创新性的措施保障政策的有效落实。省级专家团队可以通过与乡镇干部的访谈了解并总结相关的创新性措施和经验做法。

> **专栏：乡镇干部访谈示例**
>
> 乡镇的农房建设管理工作是乡村建设评价所关注的重点内容之一，省级专家团队可以针对该方面进行访谈。例如：

问题1：乡镇政府有无设立专门的建设管理机构？在农房建设管理的实际过程中，存在哪些问题？例如在用地审批、危房改造、老宅拆旧建新等方面。

问题2：乡镇相关管理机构或人员开展农房建设、村镇建设管理的主要工作内容有哪些？开展工作的主要方式是怎样的？

4.3.3 村庄调研：记得三件事，做好四步骤

省级专家团队开展村庄调研需要完成村干部访谈、村民入户访谈和入村实地调研三项任务。

开展村干部访谈有三个要点：一是找准访谈对象，与熟悉村内情况的村干部访谈，部分新换届上任的年轻村干部可能对村庄各项情况的了解程度有限，导致访谈效果不佳。二是深挖问题成因，重点询问村庄各项建设项目的建设和运营情况，包括主管部门、资金来源、村民意愿、技术支持等方面的信息，对于建设和运营情况不佳的项目，从政府、社会、村民、自然条件、技术等方面与村干部交流讨论找到问题成因。三是收集好的经验做法，向村干部了解在开展乡村建设过程中是否有探索出一些低成本、可推广、能调动村民积极性的经验做法（图4-1）。

专栏：村干部访谈示例

省级专家团队针对乡村建设评价工作重点关注的农房建设、村庄基础设施建设、村庄人居环境整治等方面与村干部开展深入交流。例如：

问题1：村内集中供水的水源是来自哪里？水质安全和供水稳定是由相关部门还是村委负责？是否会有相关部门定期来测水质？入户的供水管网是由哪个部门负责建设的？建设资金的来源是哪里？

问题2：村内的污水处理池和连通到农户的管网分别是由哪个部门负责建设的？建设资金的来源是哪里？后续的运营维护（定期检查、清掏等）是由谁负责？资金来源是哪里？

图 4-1　开展村干部访谈
图片来源：作者自摄

开展村民入户访谈有两个要点：一是多聊，结合村民入户访谈提纲，以日常闲聊、拉家常等形式与村民聊一聊农房建设、村庄建设、满意度等方面的情况，使村民逐渐消除戒备心。重点了解农房及各类现代化配套设施的建设情况、村庄各项公共基础设施和公共服务设施的建设和使用情况、对村庄公共基础设施和公共服务设施建设和运营情况的满意度，关注导致村民满意度低的原因。二是多看，在完成访谈后，可以在村民家中进行参观，观察农房建设情况，重点关注安全质量、外观风貌、户厕改造、污水处理、厨房用水用能等方面，并及时拍照记录。村民访谈一定要在农户家中开展，避免由村干部召集村民在村委会集中接受访谈的情况（图 4-2）。

专栏：村民入户访谈示例

省级专家团队以日常闲聊、拉家常等形式针对农房建设、村庄建设、满意度等方面与村民开展深入交流。例如：

问题 1：家中的粪污如何处理？化粪池连通到村内污水处理设施的管道是由谁负责建设的？资金来源是哪里？家中的化粪池清掏的频率和费用是怎样的？

问题 2：若农户未接入村级污水管网，那么未接入的具体原因是什么？是农户无法承担费用，还是相关部门没有推进管网入户的工作？

问题 3：对村内基础设施建设或县镇村公共服务的满意度如何？具体不满意的原因是什么？具体需要在哪些方面做出改进提升？

图4-2 开展村民入户访谈
图片来源：作者自摄

开展入村实地调研需要完成三项工作：一是实地考察村庄建设情况，结合与村干部和村民的访谈内容，实地考察农房现代化建设，以及道路、集中供水设施、生活垃圾和污水处理设施等公共基础设施的建设与运营情况，在实地考察过程中与村干部探讨问题解决方案。二是采集村景照片，按照工作手册中关于采集村景照片的要求，在村庄内拍摄包括广场、水体、环境、农房、道路、街巷等要素在内的村景照片，并上传至"村景拍拍"小程序。三是采集村庄航拍照片，在条件允许的情况下使用无人机拍摄村庄的航拍图片，包括村庄全景、俯视图、农房建筑立面等（图4-3）。

图4-3 开展入村实地调研
图片来源：作者自摄

省级专家团队在开展村庄调研的过程中需要做好"一问，二看，三拍，四总结"四个步骤。"问"是指与村干部和村民开展深入交流，了解乡村建设的现状、成效和问题。"看"是指多观察农房建设和村庄建设的现状，发现存在的问题和短板。"拍"是指通过拍照的方式及时记录现状和发现的问题。"总结"是指以行政村为单位，及时总结记录调研中所发现的乡村建设的成效和问题，记录调研的直观感受和访谈记录，为后续的报告撰写积累最为真实和生动的案例素材。

4.4 评价报告撰写的要点

4.4.1 综合多源数据和多维度比较总结成效和问题

乡村建设评价收集了包括政府官方统计数据、大规模问卷调查数据和时空大数据等在内的多源数据。这些不同来源的数据均存在各自的局限性，仅依靠单一来源的数据进行判断容易影响评价结果的科学性和客观性。因此，在撰写乡村建设评价报告的过程中，需要综合不同来源的数据总结样本县开展乡村建设的成效和问题，通过数据之间的相互补充和印证，提高评价结果的可信度，同时也能够使评价报告的内容更加丰富和生动。

要用辩证的视角，通过多维度比较总结样本县开展乡村建设的成效和问题，具体有五个较为常用的比较维度：一是横向比较，将样本县的指标值与其他样本县进行比较，判断该县在全国范围内处于怎样的水平。二是纵向比较，对于连续两年开展评价工作的样本县，对两年度的指标值进行比较，通过具体的变化情况判断该县的相关建设水平是提高还是下降。三是城乡比较，将样本县的相关指标与其所在地级市的相同指标进行对比，直观地反映城乡差距。四是国际比较，将样本县的相关指标与韩国等发达国家县的相同指标进行对比，直观地反映样本县与国际水平之间的差距。五是满意度评价，通过村民问卷调查计算样本县村民对于乡村建设的各个方面的满意度，通过村民的满意度水平综合判断样本县乡村建设的成效和存在的问题。

专栏：样本县成效和问题总结案例

- 四川省米易县

近三年来，米易县不断完善"户分类、村收集、县转运、市处置"模式，持续进行农村生活垃圾整治工作，协调县财政拨付各乡镇2021年农村生活垃圾治理资金214万元，并于2022年实施了米易县城乡环卫一体化（县城区域第三轮环卫市场化）项目。米易县农村生活垃圾收运处置体系行政村覆盖率、建制镇生活垃圾无害化处理率均达到100%，村民问卷调查显示，64.3%的村民对于村内的垃圾收集转运处理情况满意，较2020年增加了20.6个百分点，且高于四川省样本县平均值。

- 江苏省建湖县

地方上报数据显示，建湖县行政村卫生室覆盖率为90.5%，均低于江苏省平均数值96.8%与全国平均数值93.8%。村干部问卷调查显示，村内有养老服务设施的村庄占比仅34.8%，与江苏省样本县平均值39.2%仍有一定的差距。主要原因是村庄闲置房屋难协调、社区配套养老用房难达标、社区养老服务设施难运营、整体村庄养老服务设施水平不高。村民问卷调查显示，49.4%的村民愿意选择在村内日间照料中心、幸福院，或乡镇和县城敬老院、养老服务中心等养老服务设施养老。较大的养老需求与较低的养老服务设施覆盖率相矛盾。

4.4.2 发现问题，并溯源分析

乡村建设报告的数据要能够从发现问题的角度出发，如实反映各省、县、乡村建设的实际情况。因此，在综合数据的基础上，需要结合调研案例、满意度数据来判断乡村建设过程中存在的问题。在发掘问题的基础上，尽量针对发现的问题进行溯源分析。

> **专栏：从五类主体对问题进行溯源分析**
>
> 在乡村建设评价过程中，往往会在评价中发现乡村建设存在的问题。为了针对相应问题提出政策建议，需要对问题的成因进行剖析。从政府、社会、村民、自然条件、技术等五类主体出发思考。
> - **政府**：可能是政策宣传不足。
> - **社会**：可能是企业未履行职责。
> - **村民**：可能是自组织不足。
> - **自然条件**：可能是不同地区差异较大。
> - **技术**：可能是城市技术简单应用农村，造成难以有效实施。

4.4.3 总结评价成果应用情况

全国乡村建设评价工作的重点内容之一是督促指导地方积极应用评价成果，因此，针对连续两年开展乡村建设评价的样本县，在乡村建设评价报告中也要重点总结其对于上一年度评价成果的应用情况。

通过开展县政府座谈和村庄调研，汇总整理样本县有关部门提供的工作报告等材料，以及结合上一年度样本县评价报告中指出的问题和建议，省级专家团队需要总结梳理样本县对于上一年度评价成果的应用情况。样本县应用评价成果的内容具体包括以下三个方面：一是样本县为解决某项问题采取了什么样的政策措施，二是该项政策措施如何在实际的乡村建设中落地，三是该项政策措施的实施具体取得了哪些成效。其中，实施政策措施所取得的成效可以通过两年度相关指标数据、村民满意度等的变化情况进行体现。

> **专栏：样本县成果应用总结案例**
>
> - 广东省连平县
>
> 为继续推进乡村工匠培训工作，增加本地工匠在农房建设中的参与程度，连平县住房和城乡建设局在2022年3月组织全县共64名乡村工匠参加市住房和城乡建设局召开的农村建筑工匠业务培训。同时还要求各乡镇及时将工匠名录在镇政务公开栏、村务公开栏以及自然村内村民聚居场所进行公示，

便于村民就近选择经过业务培训的建筑工人。开展"设计下乡、服务基层"工作，组织具有城乡规划、建筑工程设计资质的3家企事业单位，成立5个技术服务小组深入到10个行政村中去，现场指导基层干部、村民委员会、村民理事会、农民群众乡村建设、建造技能方面的专业知识。

• 宁夏回族自治区同心县

2021年，同心县针对上一年度污水处理的短板问题，出台《同心县村、镇（乡）污水处理站运营维护方案》，将实施的县城新区污水处理厂扩建工程，下马关等6个乡镇9座污水处理站和农业农村局实施的40座公共厕所、2座小型污水处理站、13152户户厕，委托专业运营企业维护管理。2021年同心县对污水进行处理的自然村占比为23.7%，远高于2020年的7.9%。

05

乡村建设评价的数据采集体系

- 本章介绍了乡村建设评价工作中建立的"图数结合"的乡村数据采集体系。以乡村建设评价为基础,建立了一套完整的乡村数据采集体系,既包括官方统计数据、问卷调查数据、第三方大数据等数字数据,也包括遥感图像、村景照片等图像数据。

5.1 建立乡村数据采集体系的意义

和城市地区类目繁多的统计数据相比，我国乡村地区的统计数据数量较少，且时间上缺乏连续性、统计样本上缺乏全局性，难以对乡村发展的全貌形成准确的判断。这是由于我国乡村分布广泛而零散，使得乡村各类数据获取、收集、存储和管理成本高昂。过去，农村的各类数据主要依靠各级政府部门进行统计，由于统计调查的预算有限、人力物力成本较高，只能在县域级别统计核心指标，如人均收入、户籍人口等。然而，这些数据并不能反映出村庄尺度的乡村发展水平，特别是对于存在广泛的乡村地区的农房、道路、污水处理、垃圾处理等设施建设水平、质量、使用情况和满意度等数据几乎都是空白。

乡村建设评价工作所构建的乡村数据采集体系包括了宏观尺度的地方统计数据、微观尺度的问卷调查数据和遥感影像、村景照片等大数据在内的多源数据，能够全面、客观、准确地反映各地的乡村建设水平。此外，通过众包的方式在全国范围大规模收集问卷调查数据，运用深度学习技术对遥感影像、无人机影像、村景照片等进行批量分析，能够在大尺度范围内使用小尺度数据量化乡村建设水平，实现从微观到宏观、从特殊到一般的有效衔接。

在此背景下，构建适应乡村特征的乡村数据采集体系，形成乡村数据库对于摸清乡村发展问题、实现乡村振兴具有十分重要的意义。通过乡村建设评价，构建了一套"图数结合"的数据采集体系，包括宏观尺度的地方统计数据、微观尺度的问卷调查数据和遥感影像、村景照片等大数据在内的多源数据采集，能够客观全面、准确地反映各地乡村建设水平。除此之外，乡村建设的水平好不好，能否满足人民群众对美好生活的期望，也是乡村建设评价数据采集的重要内容。通过众包的方式在全国范围大规模收集问卷调查数据，对村民进行主观性考察，摸清乡村建设存在的问题和下一步的建设方向。

建立乡村数据采集体系，能够为我国农村地区减贫作出贡献。通过收集和分析乡村建设数据，一方面能够反映农户在经济、住房、生活便利度等方面的真实情况，便于地方政府和相关机构更有针对性地制定政策和措施来提升村民生活水平和农村现代化水平；另一方面，数据采集体系的构建能够帮助监测和评估乡村建设项目的运行效果，及时发现乡村建设中存在的问题，并查找原因，保证村民能够持续享有农村现代化带来生活上的满足感和幸福感。

5.2 图数结合的乡村数据采集体系

通过乡村建设评价构建了一套完整的包含数字和图像的乡村数据采集体系（图5-1）。数字数据包括官方统计数据、问卷调查数据、第三方大数据（例如手机信令数据等）等，图像数据则包含了遥感图像、无人机影像和村景照片三种类型。其中，对于图像数据采用"众包"方式，请全国各地用户对图片的整洁、风貌协调等方面进行打分。此外，深度学习方法也将进一步应用在乡村建设评价工作中，通过深度学习识别乡村要素，反映乡村建设的质量和乡村现代化水平。通过这些数字和图像数据的搜集、分析和识别，能够协助地方政府部门从全局和个案相结合的角度，既从面上了解到乡村建设的水平和问题，又能够从微观的个案角度分析问题产生的原因，从而生成乡村建设具体项目以改进问题短板。

图 5-1 乡村建设评价工作数据采集体系
图片来源：作者绘制

5.2.1 乡村数据采集

乡村建设评价的数据采集主要是通过乡村建设评价指标体系和村干部、村民问卷调查所构建的。此外，还包括手机信令数据等第三方大数据的采集和分析。这些数据主要是通过各县市级部门填报、各村村干部和村民填写得到，能够从县域尺度、村庄尺度和村民尺度了解到乡村建设的成效、问题和村民满意度水平。主要采集以下几类数据：

（1）地方上报数据。在乡村建设评价指标体系中，部分指标数据来源于地方职能部门已有的统计数据，通过乡村建设评价信息系统进行收集和填报。具体步骤如下：一是省级专家团队与样本县政府对接，根据乡村建设评价体系确定其需要填报的官方统计数据类型；二是样本县政府召开动员培训会，动员各职能部门配合乡村建设评价工作的数据收集和填报工作，并由专家团队对指标体系进行介绍，保证收集数据的质量；三是各职能部门在规定时间内收集指标数据并在信息系统中完成填报，同时将存在问题的指标及时反馈给省级专家团队。通过以上程序，样本县职能部门在县政府的统筹领导与专家团队的指导下，完成指标数据的收集和填报工作。此外，部分涉及城乡比较的指标需要同步收集样本县所在城市市辖区的相关数据，由省级专家团队联系市级相关职能部门进行收集，并在信息系统中完成填报。地方上报数据涉及的职能部门包括统计部门、财政部门、农业农村部门、自然资源部门、生态环境部门、住房和城乡建设部门、卫生健康部门、教育部门、民政部门、交通运输部门、商务部门等（图5-2）。

图 5-2 指标和问卷填写指南
图片来源：作者绘制

（2）问卷调查数据。在全国乡村建设评价工作中，问卷调查的主体是村民和村干部，主要围绕农房、农村公共基础设施、农村人居环境和农村公共服务等方面开展调查。由样本县各职能部门填报的官方统计数据多以县域为统计单元，缺少更加精细尺度的统计数据，不能满足乡村建设评价问题导向的需求。

通过开展村干部和村民问卷调查，一方面能够在村庄尺度评价行政村的建设水平；另一方面能够在个体尺度评价村民对于乡村建设的满意度，体现"以人为本"的思想。开展村干部问卷调查的具体方式是由样本县选择3个经济发展水平分别处于"好、中、差"三个阶段的乡镇，要求这3个乡镇的所有行政村指派一位熟悉村庄事务的村干部通过"村景拍拍"微信小程序填写一份村干部问卷。开展村民问卷调查的具体方式是由样本县在每个乡镇各选择2所小学，每所小学选择一个规模在40人左右的班级，发放纸质版《美丽乡村建设，你我共同参与——致学生家长的一封信》让学生带回家中，让家长按照信中的指引通过"村景拍拍"微信小程序填写村民问卷。此外，样本县各乡镇也可以通过多种方式（新闻媒体、微信群、宣传栏等）进行宣传，鼓励村民填写调查问卷（图5-3）。

图5-3 "村景拍拍"小程序的问卷调查界面

图片来源："村景拍拍"小程序

专栏：村民对乡村建设的满意度分析

通过问卷调查，能够从多个方面考察村民对乡村建设水平的满意度。2021年乡村建设评价的满意度体系包括以下几个问题，将其与指标体系的核心目标和分解目标相对应，结果如表5-1所示。

乡村建设评价的满意度表　　表 5-1

核心目标	序号	分解目标	满意度题项
发展水平	1	个人工作状况	7. 您对当前的工作状况是否满意？
	2	家庭经济收入	9. 您对当前的家庭收入水平是否满意？
	3	家庭生活水平	10. 您对当前的家庭整体生活水平满不满意？
	4	农业生产服务	16. 您对县内可提供的农业生产服务（包括购买农药、种子，种植技术培训，机械设备服务等方面）满不满意？
	5	村内邻里关系	82. 您对村内的邻里关系是否满意？
公共服务	6	学校教学质量	24. 您对您小孩就读学校的教学质量满不满意？
	7	学校寄宿条件	25. 您对您小孩就读学校的寄宿条件满不满意？
	8	村医疗服务	28. 您对村卫生室的医疗服务水平满不满意？
	9	县医疗服务	31. 您对你们县的医疗服务水平满意度情况？
	10	养老服务	34. 您对你们县的养老服务满意度情况？
	11	镇区商业服务	38. 镇区的商业能否满足您日常购物需求？
	12	县公交服务	40. 您对你们县的公共交通是否满意？
农房建设	13	农房厕所条件	48. 您对现在住房的厕所条件满不满意？
	14	农房厨房条件	49. 您对现在住房的厨房条件满不满意？
	15	总体住房条件	60. 您对现在的总体住房条件满不满意？

续表

核心目标	序号	分解目标	满意度题项
村庄建设	16	村内垃圾处理	68. 您对村内的垃圾收集转运处理情况是否满意？
	17	村内污水处理	71. 您对村内的污水收集处理情况是否满意？
	18	村内道路质量	74. 您觉得村内道路质量好不好（是否存在破损、凹陷等现象）？
	19	村内整体环境	77. 您对村庄整体环境满不满意（干净整洁等）？
	20	村内水体水质	72. 您觉得村内河流、水塘水质好不好（水体有无异味，水面有无垃圾等）？

通过对村民的满意度分析，可以得到如下几个主要结论：

（1）相比 2021 年，样本县村民满意度总体提高，县养老服务水平、农村垃圾处理和农房居住条件的满意度显著提高。

（2）满意度存在明显的区域差异，尤其在农房建设和村庄建设方面。东北地区样本县满意度普遍较低，主要体现在农房厨厕条件和村庄水的治理方面。

（3）满意度在代际、性别上表现出明显差异：老、中、青年的满意度依次降低；女性的满意度普遍低于男性。

（3）手机信令数据。手机信令数据是原始的手机数据经过预处理后形成的结构化数据，记录了脱敏后的用户使用手机时的时间、位置及其个人信息，是一种新型的时空大数据，在人群活动模式分析和区域动态感知领域被广泛应用。用户在使用手机进行通话、上网、收发短信等行为时，手机信号会连接到最临近的基站，配合基站的位置生成用户的时空位置信息，而连续的时空信息可以反映其活动过程。最终，海量用户的手机信令数据为挖掘大规模人群的活动和迁移行为模式提供了基础。

城市的建成区域集中、城市人口活动强度大、基站分布密集，收集的手机信令数据质量较高，易于进行人群活动模式的分析。然而农村地区的通信基础设施较为落后、居住区分布广阔而零散、人群活动强度较弱，获取的手机信令数据面临稀疏甚至缺乏的问题。并且农村地区的居民活动较为简单，区域内部的人群流动也远不如城市强烈，需要设计合适的数据收集和数据处理与分析的方法，挖掘县域农村人群活动的模式，反映农村人口流动的情况，揭示区域发展的水平和动态。通过对县域的手机信令数据进行处理和计算，能够得到县域百人智能手机数、县域返乡人口占比、县城返乡人口占比等指标，以反映县域智能手机普及水平和人口流动情况。

专栏：手机信令数据分析结论

（1）县城人口集聚情况

县城人口的聚集情况反映的是县城首位度水平。县城首位度越高，说明其在县城集中了更多的县域公共服务资源和就业资源，因此吸引更多的乡村人口前往城市居住。

2022年的县城聚集度为45.9%，约有一半的县域人口居住生活在县城。基于手机信令数据计算的县城聚集度为45.9%，即约有45.9%县域人口居住在县城。该结果和2021年基本保持一致，县城聚集度水平保持稳定。

各省份的县城人口聚集度水平如图5-4所示，山西省的县城人口聚集度最高（65.1%），县城的社会经济发展和就业提供能力较强，县域人口大半居住在县城；而河南省的县城人口聚集度最低（27.8%），县城的发展水平不足，对本县农村居民的吸引能力不足。

（2）县域人口外流情况

县域人口外流反映的是本县居民前往外地工作的意愿，外流率越高，说明县域的发展水平较低，本地居民更倾向于流向外地进行工作生活。

2022年度县域人口外流趋势相较2021年进一步增强，流出人口主要来源地为农村地区，而主要流出目的地为省外。基于手机信令数据计算的样本县平均的人口流出率为11.5%。其中，内蒙古自治区的流出率最低（5.2%），只有很小部分的本地人口选择迁出到外地，而新疆生产建设兵团的流出率很高（61.4%），上一年有大量人口流出到外地，对于本地居民的吸引能力不足。各样本县中，阿拉尔市的人口流出率最高（72.3%），人口流出的现象比较严重，最低的为辽宁省彰武县（4.5%），流出人口的规模较小。

（3）县域人口返乡情况

县域的人口返乡率反映的是县域对于已外出人口的吸引能力，返乡率越高，说明县域的发展水平越高，能够吸引更多的人口迁回原籍地居住生活。

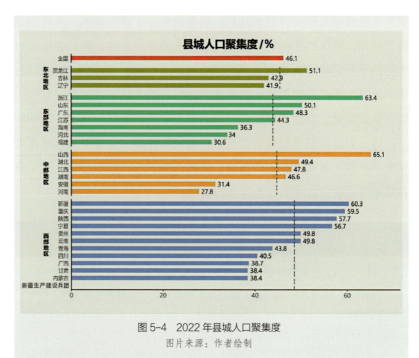

图 5-4　2022 年县城人口聚集度
图片来源：作者绘制

2022 年度的外出居民返乡意愿较上一年有提升，返乡人口主要来源于外省。基于手机信令数据计算的返乡率为 13.2%，较上一年提高了 3.4%，说明 2022 年度外出人口的返乡意愿增强。其中，吉林省最低（6.4%），只有很小比例的外出人口有返乡意愿，对于外出人口的吸引力较低；云南省最高（46.8%），且远高于全国均值，说明其对于外出人口的吸引力很强。

5.2.2　乡村图像采集

乡村建设评价的图像数据采集主要是通过遥感影像、村景照片和无人机拍摄获取。这些图像数据主要是通过实地调研拍摄的方法得到，能够在全国、省、县、村庄、聚落、单栋农房等多个尺度上反映出乡村建设和农村现代化的水平。

（1）遥感影像数据。通过卫星对地观测技术可以获取大范围、连续性的遥感影像，这些遥感影像记录了丰富的地物信息。针对广阔而零散的农村地区，遥感影像能够快速、高效、低成本地监测乡村建设情况，为乡村建设评价的相关指标计算提供数据支撑。团队基于谷歌地球（Google Earth）等第三方平台收集了覆盖中国全域的海量高分辨率遥感影像，利用遥感解译框架，能够较为精确地识别农房、水域等地物。通过识别，计算了农村地区历年的水域面积变化以评价生态环境建设情况。通过对农房的解译制作全国农房一张图，反映了当前农房规模、面积和形态在空间上的分布模式和异质性。在此基础上，通过识别样本县县城建成区范围内的水域并计算两年份水域面积的变化情况，计算得到乡村建设评价指标体系中的县城水域面积变化率的指标。

专栏：基于遥感解译的农房识别

利用 Mask R-CNN 深度学习框架，采用高分辨率的遥感影像，基于中国各省份农房的人文地理特征，分省训练出适用于本地的农房遥感解译模型，应用于全国范围的农房识别。目前在全国 1484 个县共识别出 1.54 亿栋农房，总建筑面积达到 298.2 亿 m^2，构建了以矢量建筑单体为基础、全国范围"聚落—镇—县"多尺度的中国农房数据库。基于该数据，可以实现省、市、县、镇、村多级尺度的农房密度、农房空间组织关系与形态特征的分析。同时可以融合社会、经济、人口等多源数据，实现对农村建成环境的整体性度量。此外，通过对上述农房遥感解译模型的进一步训练，还可以实现对农村新旧农房的区分识别（图5-5）。

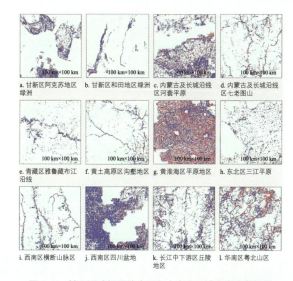

图 5-5　基于遥感解译的中国九大农业区域农房分布特征
图片来源：李郇，许伟攀，黄耀福，等. 基于遥感解译的中国农房空间分布特征分析 [J]. 地理学报，2022，77（4）：835-851

（2）村景照片数据。村景照片包含农房、道路、广场、公厕、环卫设施、水体等多种村庄要素，不仅能够体现村庄建设质量和村民生活水平，也能够侧面反映村庄治理的水平。省级专家团队需要在开展实地调研的每一个行政村按照要求拍摄一定数量的村景照片，并上传至"村景拍拍"小程序。在此基础上，组织省级专家团队按照规定的评分标准对全国样本县的村景照片进行打分评价，通过汇总计算便可以得到各个样本县的村庄风貌协调度和村庄整洁度的评分（表5-2、表5-3）。

村庄风貌协调度评分表 表5-2

评价要素	评价参考维度	综合分值
房屋建筑	房屋布局整齐，不杂乱	1~10分 1分（最差） …… 10分（最好）
房屋建筑	色彩与周边环境整体协调	
房屋建筑	屋顶、门窗、山墙等农房建筑样式具有当地特色，与周边建筑相协调	
房屋建筑	建筑材料乡土化，少用城市型建筑材料	
道路	路面平整，无洼坑	同上
道路	采用混凝土或沥青	
道路	道路边界清晰	
道路	绿化植物乡土化，少用城市景观类植物	
道路	有路灯，道路标识清晰规范	
街巷	采用乡土化铺装材料	同上
街巷	街巷与周边建筑整体协调	
街巷	有路灯	
其他外部环境（树木、小花园、小菜园、小果园、小公园）	绿化植物乡土化，少用城市景观类植物	同上
其他外部环境（树木、小花园、小菜园、小果园、小公园）	树池、围墙等材料乡土化，少用城市型建筑材料	
其他外部环境（树木、小花园、小菜园、小果园、小公园）	有运动健身设施和休息座椅	

村庄整洁度评分表　　　表 5-3

评价要素	评价参考维度	综合分值
道路、街巷	路面平整无坑洼	1~10分 1分（最差） …… 10分（最好）
	道路边界清晰	
	路面无杂草、垃圾或浮土	
	车辆无乱停乱放	
其他外部环境 （树木、小花园、 小菜园、小果 园、小公园）	建筑无断壁残垣，无乱搭乱建	同上
	垃圾无乱埋乱倒	
	柴火杂物无乱堆乱放	
	车辆无乱停乱放	

专栏：村景照片的要素识别与人工智能评分

利用深度学习方法，可以对村景照片进行要素识别，未来能够进一步实现对村景照片的人工智能评分。在快速城镇化背景下，农村人口是快速流动的，但农房是具有根植性的，是农户最重要的资产，农户绝大多数积蓄都会投入到农房建设中，同时农房也是农村资产水平最重要的体现。运用深度学习模型，可以实现对房屋外观（层高、门窗、阳台、柱子和外立面铺装等）、房屋安全质量（裂缝、缺口等）、房屋设施（空调、热水器等）进行检测，全方位刻画农房品质（图 5-6）。

以省级专家团队对村景照片的评分为基础，利用专家经验知识给村景照片所反映的建设水平一个定量的值，将其作为训练样本，采用图像质量评估模型对包含农房或村庄全貌的村景照片进行打分评价。目前在湖北省 2023 年乡村建设评价中实践了利用人工智能对农房品质、村庄道路质量和村庄风貌协调度的打分评价。

图 5-6 自动化解译村庄要素
图片来源：作者绘制

（3）无人机影像数据。无人机影像相比于遥感影像具有更高的空间分辨率，能够更加清晰、准确地观测到村庄农房建设情况、基础设施建设和管护情况，以及生态环境保护情况等，在更精细的尺度下记录了村庄的人居环境。该数据源既具有遥感影像的大范围性，又具有村景图片的细致性，可以用于太阳能热水器、空调、路灯、汽车等小目标人居要素检测（图 5-7）。利用多角度拍摄的无人机影像和 BIM 技术可以实现乡村建模，能够推动数字乡村建设。省级专家团队在入村调研的过程中，在设备和天气条件允许的情况下使用无人机对村庄进行航拍，拍摄 3~4 张村庄的无人机影像，包括村庄全景、村庄俯视、农房立面等 3 个角度。调研结束后，省级专家团队需要将采集到的无人机影像以行政村为单位上传至全国乡村建设评价信息系统。

图 5-7 无人机影像
图片来源：作者自摄

专栏：基于无人机影像图的县城建设与自然协调度度量

县城建设与自然协调度度量县城建设在生态环境、历史传承、宜居宜业等方面的综合水平。采用专家打分法，专家通过县城全景图对县城建设各项进行分项评分，每一项分值为1~10分。根据县城无人机影像（图5-8），从以下10个维度对县城建设与自然协调度进行打分：

1. 河流两岸有公园、广场等开敞空间；河流与山体关系保持协调。
2. 山体未被高楼遮挡，不存在挖山建房状况，建筑高度与山体高度相协调。
3. 周边山水能够引入县城。
4. 拥有明显的绿廊、风廊等廊道。
5. 县城建筑布局有序，建筑以6层以下为主，不存在大量的18层以上的高层建筑。
6. 具有活力的人民群众活动广场。
7. 老城传统肌理保护良好。
8. 拥有明显的传统建筑、标志性建筑。
9. 街区以"窄马路，密路网，小街区"为主。
10. 沿街绿化效果显著。

图5-8　县城无人机影像

图片来源：作者自摄

5.3 "村景拍拍"众包平台

"村景拍拍"微信小程序作为一个开放式的乡村建设协作平台，可以通过众包的方式在全国范围内实现大规模、动态地采集村庄图文信息，从而建立起全国性、大规模的乡村数据库。每年定期开展的全国乡村建设评价工作会组织样本县和省级专家团队通过"村景拍拍"平台采集问卷调查数据和村景照片数据。

此外，广大农村居民是该平台最具潜力的用户群体，他们能够通过该平台记录并分享日常的乡村生活、村庄面貌等，并表达自己对村庄的情感。随着普通用户群体不断壮大，他们将会带来数量更多、覆盖范围更广、内容更丰富的村庄图文信息。随着时间的推移，所采集到的村庄图文信息不仅能反映村庄现阶段的发展情况，还能反映其动态的变化过程。

"村景拍拍"微信小程序既支持了全国乡村建设评价工作的开展，也为社会团体和个人提供了一个日常分享和交流的社交平台。平台目前积累用户数达到69万人，收集村景照片37万张、乡村建设评价问卷45万份、建村数3.8万个，初步形成了覆盖全国、持续定点跟踪的乡村数据采集体系。

> **专栏："村景拍拍"，记录全国农房图鉴**
>
> "村景拍拍"，"拍"的是关于乡村的景象。乡村的一切人、事、物，都可以通过手机拍下来，然后上传到"村景拍拍"小程序上。"村景拍拍"就是一个记录乡村演变、关注乡村发展、分享乡村人文景观的共享平台。在这个平台上，你可以看到全国各地形形色色的乡村，不管是"集万千宠爱于一身"的网红村，还是"资质平平"的普通村庄，抑或是人口稀少的空心村。每一个乡村，都值得被记录、被关注、被分享。

"村景拍拍","拍"的是农房。农房是农民最重要的资产。许多农民外出打工、创业,或是在镇上、县城工作,都会在村里建一栋属于自己的房子。不同地区,有不同的风土人情,建成的农房也各有特色,既有内蒙古地区的蒙古包,黄土高原的窑洞,也有西南地区的吊脚楼,岭南地区的广府合院,客家围龙屋等。农房寄托了农民对美好生活的想象,也是农民财富和地位的象征。在家乡,有一栋属于自己的房子,就像灵魂有了栖息的场所,即使多年在外漂泊,也仍然有心系故土的"执念"。

5.4 乡村建设评价信息系统

乡村建设评价信息系统集合了指标数据填报、问卷数据集中、图表出图等功能,能够协助各地方政府和专家团队查询、比较不同县和市的乡村建设水平,方便乡村建设评价工作的开展(图5-9、图5-10)。

图5-9 乡村建设评价信息系统登录界面

图片来源:住房和城乡建设部乡村建设评价信息系统

图 5-10　乡村建设评价信息系统的指标数据填报界面
图片来源：住房和城乡建设部乡村建设评价信息系统

通过乡村建设评价信息系统，可以采集由各个样本县填报的官方统计数据和由省级专家团队拍摄的无人机影像，还可以上传村庄调研中所获取的村庄规划、调研记录等资料，以协助报告撰写。此外，信息系统还是一个数据管理平台，能够将采集到的问卷数据、村景照片均储存于其中（图5-11）。

图 5-11　乡村建设评价信息系统的村景照片采集界面
图片来源：住房和城乡建设部乡村建设评价信息系统

信息系统不仅能够用于采集和管理各种类型的数据，还可以进行数据的分析和可视化表达，一是可以根据储存于其中的地方上报数据、问卷调查数据直接计算出各个样本县的指标值、省平均值和全国平均值，并且对不同年份的指标进行比较；二是可以对指标结果统一出图，直观展示样本县之间、区域之间、样本县不同年份之间的差异情况（图 5-12）。

图 5-12　乡村建设评价信息系统的数据分析界面
图片来源：住房和城乡建设部乡村建设评价信息系统

06

乡村建设评价实践与成果

- 本章介绍了2019年以来对乡村建设评价工作的探索，从开展评价试点到在全国范围开展评价，建立了一套以农房为核心、以县镇村为评价对象的乡村建设评价指标体系，确立了通过城乡差距分析、国际对比分析和村民满意度分析三个维度进行综合评价的分析方法，形成了一套可行性高、多源数据结合的乡村调查方法，建立了"设定目标、开展评价、查找问题、推动解决"的乡村建设评价工作机制。

- 2022年全国乡村建设评价结果显示，乡村建设取得积极进展，样本县农民收入水平提高，农房现代化水平提高，村庄环境基本实现干净整洁，农村基础设施建设更加完备，公共服务更加便捷，县城综合服务能力不断增强。农民群众对生活水平、医疗服务、村庄整体环境等方面的满意度都有所提高，但在农房品质、村庄人居环境和公共服务质量方面还存在短板，县城开发建设方式和综合服务能力有待改善，乡村地区的人口吸引力依然较弱。

6.1 乡村建设评价历程

6.1.1 2019年乡村建设评价探索

2019年，住房和城乡建设部在广东省探索开展乡村建设评价工作，以广东省内所有县级行政区为评价对象，组织第三方机构以县域为单元对乡村建设水平进行评价。本次评价工作建立包括经济社会发展、公共服务、县域统筹、环境质量和生活条件五个维度共计55项指标的乡村建设评价指标体系，量化反映县域乡村建设水平。通过本次探索性的评价工作，确定了以农业县为评价单元的基本原则，明确了通过城乡比较、县与县之间比较总结乡村建设的成效和问题的思路。

6.1.2 2020年全国乡村建设评价试点

2020年，住房和城乡建设部开展了乡村建设评价试点工作，综合考虑不同地域、不同经济发展水平的代表性，分别在东北及南中西部选择吉林、广东、河南、陕西4个试点省，每省各选择3个农业县开展试点工作。

本次试点评价工作所建立的乡村建设评价指标体系涵盖发展水平、服务体系、居住舒适、生态环境和县城服务五个维度，包括46个核心指标和22个支撑性指标。具体的评价工作通过第三方机构开展，组织中山大学、住房和城乡建设部科技与产业化发展中心等机构走村入户深入调研。在4个省份的12个试点县中共调研乡镇37个、行政村125个，面对面访谈了村干部125名、村民325名，采集村民有效问卷18823份、村干部有效问卷841份。

通过开展评价试点工作，初步掌握了我国乡村建设的总体水平和成效问题，正式建立了一套以农房为核心、以县镇村为评价对象的乡村建设评价指标体系，确立了通过城乡差距分析、国际对比分析和村民满意度分析三个维度进行综合评价的分析方法，形成了一套可行性高、多源数据结合的乡村调查方法。为之后全国乡村建设评价工作的开展奠定了坚实的基础。

6.1.3　2021年全国乡村建设评价推广

2021年，住房和城乡建设部按照党中央、国务院关于实施乡村建设行动的决策部署，在2020年乡村建设评价试点工作基础上，在全国范围内全面开展乡村建设评价工作。评价工作依然以省为单元选择样本县开展，共选择28个省份进行评价，每个省份选取2~3个样本县，共选择81个样本县。选取的样本县主要位于农产品主产区，经济发展状况处于全省平均水平，具有较好的代表性。本次全国乡村建设评价基本实现省级全覆盖，能够全面客观反映乡村建设总体情况和各省情况。

本次全国乡村建设评价工作以上一年度的指标体系为基础进行完善，从发展水平、农房建设、村庄建设和县城建设四个维度出发确定了71项指标，聚焦与农民群众生产生活密切相关的内容，量化反映乡村建设情况和城乡差距，不再区分核心指标和支撑性指标。此外，鼓励以省为单位依据地方乡村发展特点增加地方特色指标，内蒙古、辽宁、江苏、浙江等地均增加了地方特色指标。

本次全国乡村建设评价工作沿用第三方评价方式开展。共组织中山大学、住房和城乡建设部科技与产业化发展中心、清华大学、北京建筑大学以及地方高校、研究机构等58家高校、科研院所参加。针对评价工作地方多、部门多、机构多、疫情影响等情况，细化了评价步骤，制定了乡村建设评价工作手册，编制了指标填写和现场访谈指南，详细说明各项指标的获取方式、数据出处和计算方法，明确了村民和村干部现场访谈的内容和方法，指导各参与单位按照统一要求开展评价工作。2021 年全国乡村建设评价在全国 28 个省份的 81 个样本县中共调研乡镇 259 个、行政村 783 个，面对面访谈了村干部 776 名、村民 2417 名，采集村民有效问卷 14.7 万份、村干部有效问卷 3847 份，采集村庄照片 7.8 万张。同时，指导 2020 年开展评价试点的样本县将乡村建设评价作为推动乡村建设的重要抓手，积极运用上一年度的评价成果，采取有针对性的措施，推动解决查找出的短板和问题。

通过在全国范围开展乡村建设评价工作，对我国乡村建设总体水平和各地区乡村建设水平的差异有了较为清晰的了解，进一步优化了开展乡村调查和数据分析的方法，初步建立了"开展评价、查找问题、推动解决"的乡村建设评价工作机制，为长期开展全国乡村建设评价工作奠定了坚实的基础。

6.1.4　2022 年全国乡村建设评价深化

2022 年，住房和城乡建设部继续开展全国乡村建设评价工作，全面掌握乡村建设发展状况，查找乡村建设中的问题，重点指导地方政府应用 2021 年评价成果推进乡村建设，促进补齐乡村建设短板。2022 年全国乡村建设评价工作在确保样本县具有延续性的基础上，进一步扩大评价范围，保留了 2021 年 81 个样本县中的 75 个，同时在部分省份增加样本县，并对代表性不强的部分样本县进行替换。最终在 28 个省份选择 102 个样本县，比上一年度增加 21 个。

在评价内容方面，进一步完善乡村建设评价指标体系。保留了农房建设、村庄建设、县城建设、发展水平 4 个方面的基本框架，新增农房设计建设、乡镇建设与管理服务能力等方面的指标，对部分指标进行修改完善，切实做到乡村建设进展可感知、可量化、可考核。调整后指标体系共 73 项。安徽、云南、贵州、四川、宁夏、内蒙古、黑龙江、浙江、湖南、江西等 10 个省份设置了省级特色指标。

在工作组织方面延续采用第三方评价的方式，共组织中山大学、住房和城乡建设部科技与产业化发展中心、清华大学、北京建筑大学以及地方高校、研究机构等66家高校、科研院所参加。在全国28个省份的102个样本县中共调研乡镇309个、村庄950个，面对面访谈了村干部1013名、村民2978名，采集村民有效问卷15.5万份、村干部有效问卷8700份，采集村庄实景照片14.2万张。

在2022年全国乡村建设评价工作中，住房和城乡建设部在乡村建设评价指标体系中选取其中的37项指标，要求参与评价工作的28个省、自治区、直辖市的省级主管部门根据本地区实际发展水平，对照国家和省级"十四五"相关规划及有关政策文件要求，设置2022年和2025年的指标预期值。通过量化指标值与预期值之间的差距，地方政府能够更加直观地判断乡村建设取得的成效和存在的具体问题，采取针对性的政策措施提高乡村建设水平。

将评价作为推进乡村建设的平台和抓手，督促指导地方强化评价成果应用是2022年全国乡村建设评价工作的重点内容之一。2022年2月，住房和城乡建设部将2021年乡村建设评价结果反馈给地方，各地制定评价成果应用工作方案或将相关工作纳入政府工作报告、"我为群众办实事"等。针对评价发现的问题，各地完善政策措施，建立相关的工作机制体制，持续加大资金投入，有针对性地推进乡村建设各项工作。

通过连续第二年在全国范围开展乡村建设评价工作，深刻了解了我国各地区乡村建设水平的差异和乡村建设中存在的问题及成因，督促引导地方政府积极运用评价成果提高乡村建设水平。通过组织省级主管部门设定指标预期值，进一步完善乡村建设评价工作机制，建立了"设定目标、开展评价、查找问题、推动解决"的乡村建设评价工作机制，推动地方政府提高乡村建设水平。

6.2 2022年全国乡村建设评价主要结论

6.2.1 成效评价

总体上看,乡村建设取得积极进展,样本县农民收入增加,农房和配套设施建设不断加强,村庄基本实现干净整洁有序,农村基础设施和公共服务设施覆盖面不断扩大,县城综合服务能力有效提升。农民群众对生活水平、医疗服务、村庄整体环境等方面的满意度都有所提高,获得感和幸福感进一步提升。

(1)农民可支配收入持续增加,对生活水平满意度不断提高

农村居民人均可支配收入稳步增加,城乡收入差距不断缩小。地方上报数据显示,2020年全国样本县农村居民人均可支配收入为16680元,近5年全国农村居民人均可支配收入年均增速8.5%,快于城镇居民相应指标增速,全国城乡居民收入比从2015年的2.73∶1下降到2020年的2.56∶1。

农民群众对生活水平满意度不断提高。村民问卷调查显示,全国样本县农民对当前生活水平的整体满意度从2020年的36%提高到2021年的44.8%。近70%的农民认为近3年家庭生活水平不断提高。

(2)农房及配套设施建设不断加强,基本实现供水入户、供电稳定

农房建设水平提升。各地通过开展农村房屋安全隐患排查整治,持续推进农村危房改造,消除了一批农村房屋安全隐患。全国样本县鉴定为危房的农房占比为0.57%。样本县2020年建设的农房占既有农房总量的3.8%,其中新建的占1.7%、翻建的占2.2%。村民问卷调查显示,砖混结构、钢筋混凝土结构农房占比不断提高。样本县1981—1990年建设的农房中,砖混结构的占54.3%、钢筋混凝土结构的占2.9%;在2011年以后建设的农房中,相应比例分别增加至76.6%、8.9%。

农村集中供水覆盖率较高。村民问卷调查显示，全国样本县集中供水入房率平均为85.6%，其中37个样本县超过90%。此外，村干部问卷调查显示，全国样本县实现集中供水的自然村占比为93.3%，其中，山东、黑龙江、浙江、河北、江苏、安徽、山西、湖南、陕西、青海、内蒙古、贵州、宁夏、甘肃、新疆等15个省（区）和新疆生产建设兵团超过95%，20个样本县达到100%。

电力成为村民最主要的生活用能。村民问卷调查显示，全国样本县平均68.8%的村民使用电力做饭、烧水等。40.7%的村民冬季使用电暖器或空调等设施取暖，其中东部和中部地区分别为56.5%、53.5%。村民反映农房供电稳定，较少出现电源不稳、断电等现象。

（3）村庄基本干净整洁，道路、网络等基础设施覆盖率不断提高

农村生活垃圾收运处置体系基本建成。全国样本县普遍建成农村生活垃圾收运处置体系，农村生活垃圾进行收运处置的自然村占比达到94.5%。其中，黑龙江、吉林、辽宁、广东、海南、河北、江苏、山东、浙江、福建、安徽、湖北、湖南、河南、重庆、四川、宁夏、甘肃、新疆等19个省（区）和新疆生产建设兵团占比在90%以上，其中有15个省份、60个样本县占比达到100%，实现了《乡村振兴战略规划（2018—2020年）》提出的"2020年对生活垃圾进行处理的村占比达到90%"的目标。村干部问卷调查显示，样本县90.9%的行政村有保洁人员。村民对垃圾治理满意度从2020年的50%提高到2021年的59.1%，对村庄整体环境满意度从51%提高到58%。

村内道路硬化比例较高。村民问卷调查显示，样本县村内通户道路硬化比例达84.5%，山西、贵州、浙江、江西4省超过90%。硬化方式以水泥路（68.4%）和柏油路（16.4%）为主。样本县道路安装有路灯的行政村占比为75%，15分钟能到达公交站、巴士站的行政村占比为51.7%，近30%的村民搭乘公交或巴士前往县城。

网络设施覆盖广。网络基础设施建设成效明显。村民问卷调查显示，样本县农村宽带入户率达到 59.9%。根据联通大数据分析结果，样本县百人智能手机数为 82.6 台。乡村物流设施不断完善，68.5% 的村民表示 15 分钟内能到达快递点，90.5% 的村民会网购，其中，39.8% 的村民每月网购 3 次及以上。

（4）农村教育、医疗等公共服务满足基本需求

超过一半的村在 15 分钟内可到达幼儿园、小学。村民问卷调查显示，样本县村庄 15 分钟生活圈内幼儿园覆盖率为 55.4%、小学覆盖率为 55.5%，农村儿童就近上幼儿园、小学较为便利。

村级卫生室覆盖率较高。根据地方上报数据，样本县 95.4% 的行政村有卫生室，其中，59 个样本县实现行政村卫生室全覆盖，辽宁、黑龙江、广东、河南、湖北、湖南、江西、陕西、云南、四川、青海、广西、甘肃等 13 个省（区）和新疆生产建设兵团的样本县的行政村卫生室覆盖率达到 100%。

乡镇为农村地区提供教育、医疗服务的作用增强。超过一半的农村儿童在乡镇上小学。村民问卷调查显示，2021 年样本县农村居民子女在乡镇上小学的比例为 51.5%，相较于 2020 年 44.9% 的水平明显增加；在村内上小学的比例从 31.7% 下降至 26.5%。乡镇卫生院为农民群众提供诊疗与防疫服务作用增强。村民问卷调查显示，2021 年样本县农村居民选择到乡镇卫生院看小病的比例为 33.8%，相较于 2020 年 26.5% 的水平明显增加。调研发现，在疫情防控中，乡镇卫生院承担了农村地区疫苗接种、核酸检测等工作，发挥了重要作用。

（5）县城集聚县域人口趋势明显，对返乡人口特别是年轻人的吸引力增强

县城发挥了就地城镇化重要载体的作用。根据地方上报数据，样本县县城平均常住人口为 11.9 万人，集聚了县域 32.5% 的人口。县城平均人口密度为 7755 人 /km²，半数样本县的县城人口密度在 0.6 万 ~1.0 万人 /km²。

县城吸引返乡人口特别是返乡年轻人定居。返乡人口首选到县城安家定居。手机信令数据分析结果显示，样本县返乡人口中40.5%选择到县城定居，内蒙古、浙江、海南、云南4省份超过50%。来自省内的返乡人口（48.5%）更倾向到县城定居。西部地区县城对返乡人口的吸引力更为突出。西部地区返乡人口到县城定居的比例为42.8%，高于其他三个地区。县城返乡人口中，年轻人占较大比例。2020—2021年全国样本县的县城返乡人口中，19~29岁的人群占比为34.6%。其中，西部地区样本县的这一占比为37.8%。

部分县城新建建筑中绿色建筑占比较高。根据地方上报数据，2020年全国样本县县城新建民用建筑中绿色建筑占比为64.1%，其中，江苏、河北、福建、浙江、辽宁、江西、云南、山东、安徽等9个省份样本县平均占比超过2020年全国新建城镇民用建筑中的绿色建筑占比（77%）。

县城成为农村居民购房首选地。村民问卷调查显示，34.7%的农村居民购买了商品房。在购房地点选择上，45.5%的村民愿意选择在县城购房。样本县抽样调查结果显示，县城购房者中50.7%为农村居民，其中中部地区该比例为57.7%。河北、广西、陕西、湖南、山西、甘肃、江西、黑龙江、山东、湖北等10个省份的样本县的县城购房者中农村居民占比平均超过60%。

（6）农民群众获得感和幸福感不断提升

与2020年相比，2021年样本县村民对乡村建设的满意度普遍提升。其中，对农房总体居住条件、村内垃圾处理情况、村庄水体水质的满意度提升最为明显，分别提高了9.3、9.3和9.2个百分点。

6.2.2 问题评价

样本县在人口吸引力、农房品质、村庄人居环境和公共服务水平、县城开发建设方式和综合服务能力等方面还存在一些问题和短板。

(1) 县域人口外流现象明显

根据地方上报数据，样本县常住人口与户籍人口比值平均为 0.82，总体呈现人口外流的趋势。其中陕西、重庆、福建、贵州、安徽、广东、黑龙江、河南、吉林、广西、甘肃等 11 个省份的样本县平均值低于 0.8。村干部问卷调查显示，在村庄层面这一比例为 0.65，人口外流现象更为严重。手机信令数据分析显示，2020—2021 年全国样本县共有 195 万人返乡，占外出总人口的 10%，返乡人口总体较少。

(2) 农房品质不高，农房建设管理不到位

村民问卷调查显示，44.2% 的村民对自己的农村住房不满意，其中青年村民（18~35 岁）不满意占比达到 52.7%，当前的农房现代化水平不能满足年轻人的生活方式和需求，年轻人不愿意回农村居住。

农村供水水质不稳定。虽然样本县集中供水入房率整体较高，但供水质量有待提高。村民问卷调查显示，农房内集中供水水源是自来水厂的仅占 45.3%，井水（24.4%）和山泉水（21.3%）仍是农村集中供水的重要水源。地区存在差异，江苏、山东、浙江、安徽、新疆、宁夏等 6 个省（区）和新疆生产建设兵团的样本县自来水厂水源占比超过 60%，而广西、青海、重庆、云南、陕西、山西、湖南、江西、河南、海南、河北、福建等 12 个省份的样本县自来水厂水源占比低于 40%，广西、山西、青海占比低于 30%。村民问卷调查显示，实现农房内稳定供水、极少出现问题的仅占 45.1%，有 15.9% 的村民反映家中自来水经常出现浑浊、异味等供水问题。

具有独立厨房、浴室的农房占比不高。村民问卷调查显示，全国样本县有独立厨房的农房占比为 66.5%，山西、青海、海南、陕西、黑龙江、宁夏 6 省份占比不足 60%。调研发现，不少村民特别是老年人习惯在院中做饭，愿意保留传统院落式功能布局和流线组织方式，将炉灶设置在院落中。村民问卷调查显示，日常可热水淋浴的农房占比为 55.9%。黑龙江、吉林、青海、山西、辽宁、内蒙古、甘肃、河

北 8 个省份样本县的平均占比不足 50%。

仍有一定比例农户使用煤、薪柴、秸秆等传统能源。村民调查问卷显示，日常生活用能方面，完全不使用煤、薪柴或秸秆的村民仅占 37.5%，20.1% 的村民表示使用煤，24.8% 的村民表示使用薪柴或秸秆，17.6% 的村民表示两种都用。冬季取暖用能方面，有 36.1% 的村民表示会使用煤，26.2% 的村民使用薪柴或秸秆。其中，东北地区样本县使用煤、薪柴或秸秆的比例分别达到 43.4% 和 52.5%，西部地区用煤的比例则达 53%。

青年人和中老年人对农房满意度存在差异，东北地区村民对农房的满意度总体较低。村民问卷调查显示，村民对自己的农村住房条件总体满意度为 55.8%。分年龄段来看，老年人（65 以上）的满意度最高，为 72.5%；中年人（36~65 岁）次之，为 54.2%；青年人（18~35 岁）最低，仅为 46.3%。此外，青年人对于农房的厨房、厕所条件的满意度也是最低的，仅为 44.3% 和 44%，低于全国 53.5% 和 53.5% 的平均水平。村民问卷调查显示，东北地区 3 个省份农房拥有水冲式厕所、独立厨房的比例低于全国平均水平，农民群众对农房的总体住房条件以及厨房、厕所的满意度分别为 49.6%、44.8% 和 39.6%，均低于全国 55.6%、53.5% 和 53.5% 的平均水平。

农房和乡村风貌缺少管理和引导。根据 2022 年全国农村房屋安全隐患排查整治数据，81 个样本县已建农民自建房中，没有宅基地审批的占 29.8%，没有规划建设手续的占 58.2%。根据全国各地网友对样本县的村景照片的打分（满分 10 分），样本县风貌协调度平均为 6.02 分。内蒙古、云南、吉林、青海、辽宁、广西、河北、广东、甘肃、四川、海南等 11 个省份均不足 6 分。农房是乡村风貌塑造的主体和重点，目前农村建房普遍缺少对风貌的管理。村干部问卷调查显示，60% 的村干部认为本村对农民建房有要求，但主要集中在农房占地面积、高度等方面，对建筑样式、风格、色彩等方面的要求较少。不少样本县通过农房图集对农房风貌进行引导，但调研发现，图集使用比例不高。村民表示农房图集设计不符合自身需求，许多村民以及乡村建设工匠对农房图集不了解，部分工匠达不到图集的建房技术要求。

乡村建设工匠培训不足，技能水平有待提升。我国农村住宅以农民自建为主。村民问卷调查显示，93.3%的农房由村民自己或乡村建设工匠设计建造，78.7%的行政村有乡村建设工匠。乡村建设工匠是农村建房的主力军，在保证农房质量安全、提高建房水平、塑造农房风貌等方面发挥着重要作用。但由于培训不足，工匠关于建造技术、质量安全、风貌塑造等方面的知识储备不够、技能水平不高。地方上报数据显示，全国样本县2020年度平均培训乡村建设工匠507人次，其中，内蒙古、广东、黑龙江、山西、吉林、重庆6个省份样本县培训次数不足200人次。13个样本县在上一年未开展工匠培训。

（3）农村生活污水治理仍存在短板，人居环境有待进一步改善

农村污水处理设施覆盖率低，已建设施使用效果不佳。根据地方上报数据，样本县中对污水进行处理的自然村仅占28%。地区差异大，浙江、福建2个省份的比例超过75%，辽宁、黑龙江、山西、江西、陕西、重庆、贵州、甘肃、青海、内蒙古等10个省（区）和新疆生产建设兵团不足15%，其中，江西、山西、内蒙古、青海等地不足10%。村民问卷调查显示，40.5%的村民将生活污水直接排入村庄沟渠或污水井。村民对生活污水处理的满意度仅为46.3%，对村内河流水质的满意度仅为42.3%。村民满意度与污水处理工作进展情况密切相关。如，东北地区样本县对污水处理的自然村占比整体较低，村民对村内污水处理、水体水质和村庄整体环境的满意度分别为42.2%、38.1%和52%，均低于全国46.1%、42.3%和57.5%的平均水平。

农村生活垃圾分类进展缓慢。村民问卷调查显示，74.8%的村民有垃圾分类意识，但大部分样本县没有推进农村生活垃圾分类工作。根据地方上报数据，样本县实施垃圾分类的自然村占比为23.1%。仅浙江、辽宁、海南和重庆4个省份的样本县平均占比超过50%，广东、广西、青海、贵州、安徽、江西、河北、湖北、云南等9个省（区）

和新疆生产建设兵团的样本县平均占比不足 10%，其中，广西、青海、贵州、安徽等地不足 5%。

农村基础设施维护资金和人员不足。调研发现，样本县普遍存在基础设施"重建设、轻管护"的问题。如供水方面，广东省样本县按照"政府主导、市场运作"的原则，引进社会主体参与农村供水设施运营，但农村供水地域范围大，而不少乡镇实际上只有 1~2 个管理人员，且多为没有经过专业培训的农民，无法满足供水工程的管理需要；再如农村公厕方面，村干部问卷调查显示，样本县公厕有专人管护的行政村占比平均仅为 53.2%，超过 45% 的农村公厕平时无人维护。内蒙古、黑龙江、广西、青海、吉林、湖南、辽宁、河北、宁夏、重庆、新疆和四川等 12 个省份样本县的公厕有专人管护的行政村占比平均低于 50%。由于缺少管护，不少公厕建好后未能有效使用。

青年人群对村庄环境满意度较低。村民问卷调查显示，不同年龄的人群中，青年人群体对村庄整体环境以及污水、垃圾处理的满意度均为最低。村庄整体环境方面，样本县青年人群的满意度为 47.9%，低于全国 57.5% 的水平，也低于中年人群（55.8%）、老年人群（74.1%）的满意度。污水处理方面，青年人群的满意度为 37.1%，低于全国平均 46.1% 的水平。垃圾处理方面，青年人群的满意度为 49.6%，低于全国平均 59.2% 的水平。

（4）农民在乡村建设中的参与度低

村民参与集体活动的积极性不高。村民调查问卷显示，样本县仅 31.7% 的村民表示会积极参与村集体活动，只有 20.3% 的村民对村庄事务非常熟悉，经常参加村庄事务讨论。

村民投工投劳的人次较少。村干部问卷调查显示，2020 年度平均每个行政村农民投工投劳参与村庄建设的仅为 79 人次。仅广西、云南的样本县超过 200 人次，黑龙江、吉林、山东、湖北、海南、辽宁、山西、河北、陕西、浙江、江苏等 11 个省份的样本县平均都低于 50 人次。

（5）城乡公共服务水平差距较大

农村教育质量不高。村民问卷调查显示，50.8% 的村民希望子女就读的学校聘请优秀教师，48% 的村民希望改善学校教学设施设备，34.5% 的村民希望提供营养校餐，29.8% 的村民希望完善宿舍配套设施，改善住宿条件。

村卫生室服务水平不高。村干部问卷调查显示，样本县村卫生室的医护人员到岗率为 88.1%，陕西、广东、青海、河北、海南 5 个省份和新疆生产建设兵团样本县的平均到岗率不足 85%。村民选择到村卫生室就诊的比例不高。村民问卷调查显示，患小病时，仅有 33.9% 的村民选择到村卫生室就诊，有 33.8% 的村民选择到乡镇卫生院就诊，27.6% 的村民选择到县城医院就诊。村民对村卫生室的医疗服务质量满意度仅为 56.1%。

农村老龄化问题明显，养老设施未有效使用。村干部问卷调查显示，样本县村庄常住人口中 65 岁以上的老年人口占比为 25.8%，是第七次全国人口普查数据中 65 岁以上人口占比 13.5% 的近两倍，农村存在老龄化现象。根据地方上报数据，样本县村级养老设施行政村覆盖率为 43.9%。地区差异较大，浙江实现村级养老设施行政村全覆盖，江苏省覆盖率达 93.4%，福建达 81.4%，而海南、辽宁、山东、青海、甘肃、山西、黑龙江、湖南、安徽、内蒙古、广西、贵州、河南、广东等 14 个省份和新疆生产建设兵团样本县平均覆盖率不足 40%，其中，中西部地区青海、甘肃、山西、湖南和东北地区辽宁、黑龙江等不足 30%。除覆盖率偏低外，农村养老服务设施的实际使用效果也不好。村民问卷调查显示，81.8% 的村民认为村里的养老服务设施使用率不高或一般。此外，县域养老机构护理型床位占比为 35.9%。重庆、江苏、福建、浙江 4 个省份提前实现了民政部 2019 年印发《进一步扩大养老服务供给促进养老服务消费的实施意见》提出的"到 2022 年养老机构护理型床位占比不低于 50%"的目标，但广西、山西、贵州、陕西、黑龙江、内蒙古、吉林、新疆等 8 个省份不足 30%，存在较大差距。

（6）县镇基础设施和公共服务设施建设存在短板

县城绿色低碳发展水平不高，县城高层建筑比例过高。2020年样本县县城新建住宅中6层以下的占比仅为19.8%，与《关于加强县城绿色低碳建设的意见》中70%的要求差距大。山西、江苏、青海、河北、广东、重庆、河南、黑龙江、吉林、山东、甘肃、贵州等12个省份的样本县平均值不到10%，其中，山西、江苏、河北、广东、重庆不到3%。根据地方上报数据，全国样本县上一年度县城新建红线小于40m的道路占比平均为83%。

县城和建制镇基础设施建设存在短板。根据地方上报数据，样本县县城污水收集率平均为47.8%。湖南、广西、云南、江西、陕西、福建、湖北、江苏、四川、海南、宁夏等11个省份和新疆生产建设兵团样本县县城污水收集率不足40%，其中，中西部云南、陕西、江西、湖南等地低于35%。建制镇方面，样本县建制镇污水处理率仅为59.6%。其中，云南、山西、黑龙江、内蒙古、辽宁、安徽、江西、河北、陕西、湖南、吉林等11省份样本县建制镇污水处理率不足50%。

县城教育资源相对紧张。根据地方上报数据，样本县县城义务教育学校中有53.8%的学生来自农村。其中，县城小学生有52.1%来自农村，初中生有58.5%来自农村。甘肃、宁夏、贵州、海南、青海、湖南、四川等7个省份样本县县城义务教育学校中农村学生占比超过60%。村民问卷调查显示，县城成为农村居民子女就读的主要选择地，在县城购买商品房的农村居民中70.4%是为了子女接受更好的教育。开展远程教育是提升教学质量的重要手段。全国样本县开展远程教育的学校占比为34%。地区差异较大，山西、浙江、陕西、江西、新疆、甘肃等6个中西部省份开展远程教育的学校比例超过60%，而广东、海南、山东、四川、辽宁、广西、江苏、福建等8个省份和新疆生产建设兵团样本县开展远程教育的学校比例不足10%。

县城医疗资源、医生水平等方面质量不高。根据地方上报数据，样本县千人医疗机构床位数平均为 5.5 张/千人，吉林、广东和黑龙江 3 省的城乡差距大于 50%。样本县千人执业（助理）医师数平均为 2.4 人/千人，新疆、吉林、广东、内蒙古和福建 5 个省份的城乡差距大于 50%。村民问卷调查显示，患大病时，仅 52.2% 的村民选择县城医院，37% 选择去省市医院就医。

县城服务农业生产设施不足。根据地方上报数据，全国样本县县域 10 万 t 以上的农产品批发市场数量较少，平均为 0.62 个，其中坐落在县城的平均为 0.44 个。50 个样本县没有 10 万 t 以上的农产品批发市场，黑龙江、福建、海南、山西、广西、贵州、重庆 7 个省份的样本县全县域没有 10 万 t 以上的农产品批发市场。根据地方上报数据，全国样本县县域 1 万 m^2 及以上物流货仓数平均为 0.82 个，其中坐落在县城的平均为 0.40 个。51 个样本县没有 1 万 m^2 及以上的物流货仓。黑龙江、河南、安徽、山西、广西、青海、新疆、重庆等 8 个省份和新疆生产建设兵团的样本县全县域没有 1 万 m^2 及以上的物流货仓。村民问卷调查显示，样本县农民群众对县内提供的农业生产服务满意度仅为 51.2%。

（7）乡村建设区域发展不均衡

发展水平上，东部地区的水平总体更高，城乡居民可支配收入等方面均高于其他三个地区；就业更为充分，对外出人口返乡更具吸引力。如东部地区返乡人口比例为 12.9%，是东北地区（5.8%）的约 2.2 倍，是西部地区（9.4%）的约 1.4 倍。

农房品质方面，东北地区的厕所、厨房、浴室、能源使用等方面的条件与其他三个地区存在明显差距。如东北地区样本县有水冲式厕所的农房占比仅为 19%，是东部地区（58.4%）的约 1/3；东北地区样本县日常可热水淋浴的农房占比仅为 23.7%，是东部地区（68.9%）和中部地区（62.7%）的约 1/3。

村庄人居环境和建设方面，东部地区在生活污水治理、基础设施建设等方面比其他三个地区更为完善。如东部地区对污水进行处理的自然村占比为 50.6%，其他三个地区这一比例则在 15%~25%。

村庄公共服务设施方面，全国均实现教育、医疗设施基本覆盖，东部地区养老服务设施覆盖率更高。如东部地区村级养老设施覆盖率为60.1%，其他三个地区则均低于或接近40%。

县城建设方面，全国县城的生活污水收集率、污水处理率、生活垃圾无害化处理率等整体较为均衡。如县城污水收集率均在50%左右，污水处理率均在95%左右，生活垃圾无害化处理率均超过99%。相对而言，中部和西部地区样本县县城服务农业生产的作用更为突出，拥有10万t以上的农产品批发市场、1万m^2及以上物流货仓的平均数量比东部和东北地区样本县更多。

村民参与乡村建设方面，西部地区样本县村民的积极性更高，村民积极参与村集体活动，对各项村庄事务比较熟悉的比例均高于其他三个地区，农民群众主动参与乡村建设、共同建设美好家园的意识和愿望更为强烈。

6.2.3 相关建议

针对评价发现的问题和短板，建议建立完善乡村建设评价机制，优化评价指标体系和方法，常态化开展评价工作；把乡村建设评价作为推进乡村建设的重要平台和抓手，强化成果应用，指导地方采取有针对性的措施，解决评价发现的问题和短板。

（1）推进农房和村庄建设现代化，改善农村住房条件和生活环境

针对评价发现的农房和村庄建设中存在的问题，一是指导各地从选址布局、村庄环境、基础设施和公共服务设施等方面落实乡村建设的基本要求，积极开展试点，推进农房和村庄建设现代化。二是实施农房质量安全提升工程，强化农房建设管理，建立健全农村工程建设项目管理制度，充实基层管理力量，落实监管责任。推进现代宜居农房建设，探索建立和完善乡村建设工匠制度，加强培训和管理，提高

农房设计和建造水平,推广装配式钢结构等新型建造方式,研究制定农房建设标准,完善农房功能,提升农房品质。三是完善农房配套设施建设,结合水利、农业农村等部门实施的农村供水保障工程和农村厕所改造工程,改善农村供水水质,推进供水入农房,推广卫生厕所入室。四是开展村容村貌提升行动,保护村庄自然和人文景观,保持乡土风貌和地域特色,营造留住"乡愁"的村庄环境。

(2)整治提升农村人居环境,完善基础设施运行管护机制

针对评价发现的农村生活污水治理、垃圾分类、设施维护等方面的短板问题,一是配合生态环境部门完善农村生活污水治理相关政策和标准,探索符合农村实际的低成本、易维护污水处理模式,因地制宜推广小型化、生态化、分散化的处理技术和工艺,逐步提高农村生活污水处理设施覆盖率和运行效果。二是与农业农村、乡村振兴等部门推进农村生活垃圾分类和资源化利用,推广适宜分类方法,配套建设分类收运处置体系,减少农村垃圾外运处理量。三是与发展改革、农业农村、乡村振兴等部门建立完善乡村基础设施运行管护机制,组织村民参与管护工作,探索村委会组织村民管护、"专业公司+本地管护人员"等机制和模式。

(3)提高乡村公共服务水平,缩小城乡公共服务差距

针对评价发现的农村教育、医疗水平不高,养老服务设施覆盖率和使用率低的问题,建议相关部门推进解决。一是推进义务教育薄弱环节改善与能力提升工作,改善农村学校办学条件,发展远程教育,推动城市优质教育资源向农村延伸;加强乡镇寄宿制学校建设,提高寄宿制学校服务设施水平,改善学生住宿、学习等条件。二是结合优质均衡医疗服务体系建设工程,加快发展远程医疗,推进县域医共体建设,实现优质医疗资源下沉和区域内资源共享;探索推动医疗资源下乡,为农民提供上门诊疗服务。三是结合养老服务设施建设工程,逐步提高农村养老服务设施的建设和运营补贴水平,盘活利用闲置农房提供养老服务,降低建设成本;提升村级养老设施服务水平,提供符合农村老人实际需要的服务,提高设施使用率,鼓励社会组织等上

门提供养老服务，探索农村互助养老模式。

（4）加强县城绿色低碳建设，推进以县城为载体、以县域为单元的就地城镇化

针对县城照搬城市开发建设方式、基础设施和公共服务设施建设存在短板等问题，一是加强县城建设管控。二是倡导大分散与小区域集中相结合的布局方式，建设绿色节约型基础设施，减少输配管线建设和运行成本，大力发展绿色建筑和建筑节能。三是探索以街区为单元配置公共服务、商业服务、文化体育等设施的统筹建设方式，打造尺度适宜、配套完善的生活街区。四是为返乡创业年轻人到县城定居创造条件，加强对返乡人口的技能培训，创造更多当地就业岗位。五是构建统筹县城、乡镇、村庄的发展体系、服务体系、治理体系，推动一、二、三产业融合发展，统筹布局基础设施和公共服务设施，推进政府、社会、村民共建共治共享，缩小城乡差距。

（5）推进共建共治共享，组织动员农民群众全过程参与乡村建设

针对农民在乡村建设中参与度低的问题，持续开展美好环境与幸福生活共同缔造活动。一是深入总结各地经验做法，将共建共治共享的理念和方法运用到乡村建设各项工作中，实现乡村建设与乡村治理有机结合、相互促进。二是创新方式方法，以农房和村庄建设等为载体，以改善群众身边、房前屋后人居环境的实事、小事为切入点，组织动员农民群众共同建设美好家园。

（6）加大资金投入，补齐乡村建设短板

针对评价发现的问题和短板，结合实施乡村建设行动和农村人居环境整治提升五年行动，加大对农房安全隐患排查整治、现代宜居农房建设、农村房屋综合信息管理平台建设、生活垃圾收运处置、人居环境整治、农村基础设施和公共服务设施建设管护等工作的资金支持。指导地方加大乡村建设投入，加强涉农资金统筹整合使用，通过政府投资、金融支持、社会参与等多渠道筹措资金，并运用以奖代补、以工代赈等方式，调动多方力量参与。

07

乡村建设评价成果应用案例

- 针对2021年全国乡村建设评价指出的问题和短板，各样本县在2022年积极推动解决，乡村建设取得有效进展。从评价结果看，全国样本县在农房现代化、村庄基础设施建设、村庄公共服务设施配置、县城和乡镇服务农民的能力、农民参与村庄建设的积极性等方面取得工作成效。

- 样本县通过政策引导、社会动员、制度创新、项目驱动、示范带动等五种方式积极应用上一年度的评价成果。

2021年全国乡村建设评价指出了各个样本县在乡村建设中的问题和短板，2022年各地加强评价成果应用，推动解决评价发现的问题，推动乡村建设取得积极进展。从2022年的评价结果看，全国样本县农房质量安全水平进一步提升，新建农房现代化功能不断完善，农村基础设施建设稳步推进，村级公共服务设施配置有效加强，县城和乡镇服务农民的能力持续增强，农民参与村庄建设的积极性提升，农民生活水平不断提高，农民满意度有效提升。

7.1 全国各地评价成果应用总结

7.1.1 提高农房质量安全水平，规范农房建设管理

2021年全国乡村建设评价报告指出，农房质量安全水平仍需提升，全国样本县46.8%的村民反映自家的农房存在变形、剥蚀、开裂等问题；农房建设管理不到位，样本县现有农房中近六成没有规划建设手续。针对该问题，各地积极采取措施提高农房质量安全和建设管理的水平。

一是大力推进农村危房改造，探索建立地方特色工作机制，因地制宜解决农房安全问题。甘肃省建立"政府引导、财政奖补、以点带面、整村推进"的农房抗震改造路径，安徽霍邱县构建县—镇—村三级农村自建房排查体系，湖北远安县组织"掌作工匠"等技术人员参与自建房安全排查、鉴定等工作。此外，河南、新疆等地针对地方性问题开展农村危房专项整治行动，确保农户基本住房安全。

二是建立新建农房带图审批制度，出台农房建设管理办法，明确工作任务、工作程序和责任主体。云南、江西等省份和新疆生产建设

兵团，建立带图审批制度，规范农村住房建设和管理，要求新建、重建住房均应当按照图纸施工，建立起房屋设计、审批、施工、验收、使用等全过程管理制度。

三是加快建立乡村建设工匠培训制度。四川、河南针对农村建房分散与区域差异较大的特征，扩大乡村建设工匠的培训规模，提高工匠技术水平，发挥工匠在保障农房质量安全中的作用。海南省探索乡村建设工匠积分制等管理新方式，颁发建筑工匠证书，解决乡村建设工匠底数不清、培训管理粗放的问题。

四是探索建立监督委员会，开展科学建房科普宣传活动，提高农民参与积极性。陕西省合阳县在全县 215 个村（社区）建立了建设监督委员会，监督和引导农民的建房行为。海南省组织拍摄农民自建房质量安全须知视频，开展了多种形式的科学建房知识指导宣传活动。

7.1.2 完善新建农房的现代化功能，提高农民居住品质

2021 年全国乡村建设评价报告指出，农村住房与城市住房品质差距大，样本县有水冲式厕所的农房仅占 46.5%，有独立厨房的农房仅占 66.5%，日常可热水淋浴的农房仅占 55.9%，农民改善住房条件的意愿强烈。针对该问题，各地积极采取措施提高农房建设的现代化水平。

一是以户厕改造为突破口，着力提升居住品质。湖南、安徽、福建等积极出台相关工作方案，探索建立农村厕所改造工作机制。河北、山东等因地制宜地选择节水型、节能型设备，探索北方地区厕所防冻模式，解决冲水设备不好用、不耐用问题。青海、江苏、内蒙古、新疆生产建设兵团等地增加财政支持力度，支持改新建农房建设户内水冲式厕所。

二是组织编制农房设计、施工等技术导则，开展农房建设技术

培训，提升了农房设计和建设品质。浙江、安徽、海南、江苏、甘肃、青海、宁夏、湖北等多个省份均编制了农房相关技术规范，出台相应的管理办法，提供了农房设计图集、民居风貌导则等技术指导材料。

三是通过建设试点推广钢结构装配式等农房建设新技术。安徽组织开展钢结构装配式农房等建设试点，进一步规范了农房的设计、建设和施工。四川通过现场会推广轻钢结构和现代夯土农房建设的新技术，起到了良好的示范效应。

7.1.3 稳步推进农村基础设施建设，提高设施服务到户水平

2021年全国乡村建设评价报告指出，农村生活污水和垃圾治理是乡村建设的突出短板，样本县中对污水进行处理的自然村平均仅占28%，大部分样本县没有推进农村生活垃圾分类工作。针对该问题，各地积极采取措施加强农村基础设施建设，加强农村生活污水和垃圾治理。

一是探索符合农村实际的低成本、易维护污水处理模式，完善农村生活污水治理相关政策和标准。多地因地制宜地选择合理的污水处理模式，青海结合省情特点开展连片小集中、分区分散式试验示范，重庆因地制宜地推广小型化、生态化、分散化的处理技术和工艺，四川在村民聚居区采取"厌氧消化＋人工湿地"的污水集中处理模式，湖南开展农村生活污水治理与小微湿地示范建设结合的模式治理农村生活污水。宁夏、新疆生产建设兵团将污水处理与户厕改造等工作相结合，对粪便污水进行资源化利用，有效管控生活污水乱排乱倒现象。山东建立了县镇村三级巡查队伍定期巡查制度，保证设施有效运行，及时制止生活污水乱排乱倒现象。福建印发了《福建省农村生活污水提升治理五年行动计划（2021—2025年）》，积极推进生活污水治理市场化，优化处理技术和工艺。

二是规范农村生活垃圾收运处理,推广垃圾分类和资源化利用。陕西通过卫星遥感技术监测,持续清理农村非正规生活垃圾堆放点。安徽推进农村生活垃圾治理市场化进程,推广"生态美超市",深入推进村庄清洁和绿化行动。海南出台加快建设垃圾分类收集屋的通知与配置指南,配套建设农村垃圾分类收运处置设施。

三是提高农村基础设施覆盖面,完善运行管护机制。湖北采取硬化道路核查、路网提档升级、入户道路建设等措施,推进农村道路硬化工程,新改建公路 2 万 km。江苏建立健全乡村道德评议机制、村民志愿服务积分兑换制度。新疆生产建设兵团全面推行"四议两公开"制度,探索建立完善乡村基础设施运行管护机制,组织村民参与管护工作。

7.1.4 完善农村公共服务设施配置,提高农民生活便捷度

2021 年全国乡村建设评价报告指出,农村教育质量与城市存在差距,村民普遍希望改善农村地区教学环境与增强师资力量;农村基层医疗卫生服务质量不高,农村卫生室医护人员到岗率、运行稳定性欠佳,仅有 33.9% 的村民患小病时选择到村卫生室就诊。针对此类问题,各地积极采取措施提高农村地区的教育和医疗服务质量,使农民的生活更加便捷。

一是提高农村基础教育设施服务质量。多地积极推进义务教育薄弱环节改善与能力提升工作,改善农村学校办学条件,发展远程教育,推动城市优质教育资源向农村延伸。河南通过开展"专递课堂"活动,帮助农村薄弱学校和教学点开齐课、开好课,提高农村学校的教学质量。浙江出台《浙江省山区 26 县和海岛县"县中崛起"行动计划》,优化农村幼儿园布局,加强合作办学,提升农村幼儿园办园质量。

二是推进标准化卫生室建设,提升服务质量。多地借助"数字乡村"建设契机,开展"互联网+医疗"等举措提升村级医疗卫生服务

水平。如宁夏通过"互联网+"数字乡村建设改善村级医疗服务水平，建设县域医共体和城市医联体，实现区市县三级医疗信息互联互通，提高农村地区医疗服务质量。

7.1.5　鼓励引导农村居民参与村庄建设

2021年全国乡村建设评价报告指出，我国农村居民参与乡村建设的积极性不高，在乡村建设中的参与度较低。针对该问题，各地积极采取措施建设农村人才队伍，激发农村居民参与乡村建设的积极性。

一是开展培训工作，完善农村人才队伍建设，发挥村干部或乡村能人的带动作用。江苏举办全省特色田园乡村暨传统村落共同缔造培训班，加强对村干部组织领导能力的培训。四川米易县办专题培训班5期，培训基层党员干部500余人，充分发挥基层干部在乡村建设中的引领带头作用。

二是探索建立具有激励性质的机制体制，激发村民参与乡村建设的积极性。江苏建立村民参与协商补贴和志愿服务积分兑换制度，提高村民参与村庄公共事务的积极性。湖南在古祠古建的修缮工作中实行"政府奖补、村民为主"制度，积极动员村民参与修缮古祠古建，进一步鼓励和引导村民参与乡村建设。

7.2　样本县成果应用模式总结

对样本县应用评价成果的案例进行总结，可以归纳概括出五种典型的成果应用模式，分别是政策引导型、社会动员型、制度创新型、项目驱动型和示范带动型。

7.2.1 政策引导型

样本县政府通过出台专项政策文件推动和指导相关建设的实施。

（1）广东省阳西县

针对评价报告中提出的"农房风貌特色待加强，现代化水平低于省内平均"的问题，阳西县出台了《阳西县推进农房管控和乡村风貌提升贷款贴息实施方案》《阳西县农房管控和风貌提升"以奖代补"工作实施方案》，通过对农户建房贷款贴息和"以奖代补"的形式，推动农房建设按图集实施。在农房审批环节，要求各镇将农房风貌纳入报建审核内容，对村民所提交的农房设计图、效果图严格把关，确保符合当地农房建筑风格，形成相对统一的村庄建筑风貌。此外，结合乡村振兴示范带建设，该县已打造一批风貌突出的示范村庄，通过以点带面的方式，引领带动全县乡村风貌提升（图7-1）。

图7-1　阳西县农村风貌

图片来源：中国建设报

（2）贵州省关岭县

关岭县高度重视评价报告所提"人居环境有待改善、农村生活垃圾分类进展缓慢"的问题。2021年，《关岭自治县创建宜居乡村进一步推进乡村振兴行动实施方案》正式印发，全县随即开展了"四清两改四严禁"专项行动，掀起了全民关心、群众自觉、广泛参与、持续巩固的村庄清洁专项行动热潮，以全面实现村村干净、家家干净，有力有序推动农村生产、生活、生态"三生融合"发展，以点带面实现村庄环境干净、整洁、有序，村容村貌明显提升，长效保洁机制逐步完善。

环境改善离不开硬件设施完善，关岭县加大投入力度，以解决农村生活垃圾收集困难、乱堆乱倒和运输过程中运距长、成本高等问题。如今，全县在每个村都建了生活垃圾收运点，由村小组聘请包片保洁员，户户都签订了"三包"责任承诺书，30户以上的自然村寨生活垃圾收运已经实现全覆盖（图7-2）。

图7-2　关岭县农村生活垃圾收运
图片来源：中国建设报

（3）湖南省汝城县

针对评价报告中提出的"人居环境要进一步改善"的问题，依托

《汝城县2022年开展农村人居环境整治提升工作实施方案》，汝城县遴选了100个自然村开展"美丽屋场"创建，引导鼓励村民开展环境整治和家园美化，村庄实现无危旧房、无旱厕等"六无"以及有特色产业、有村规民约等"六有"。同时，通过"村庄清洁"行动和乡村"搞卫生除垃圾清杂物防疫情"活动的开展，全县逐步建立完善了"村收集—镇转运—县处理"的农村生活垃圾收转运处置体系。汝城县将农村生活污水治理作为乡镇工作重点，进一步完善农村生活污水建管用一体化工作机制，在自然村不断推广建设雨污分离管道。目前，汝城县217个行政村已基本实现垃圾不落地、不隔夜和污水不外流、排放不超标，让村民过上绿色、环保、宜居的田园生活的目标（图7-3）。

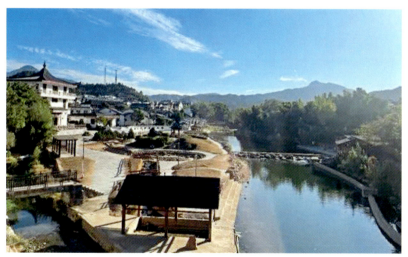

图7-3 汝城县乡村人居环境
图片来源：中国建设报

（4）山东省汶上县

评价报告指出，汶上县有51.2%的村民对村内粪污、生活污水处理情况不满意。当地印发了《汶上县农村人居环境整治提升五年行动实施方案（2021—2025年）》，持续推进农村厕所革命。为了进一步提高群众厕所改造满意度，汶上县在充分尊重群众意愿的基础上，将过去没改现在又想改的农户全部纳入改造范围。2021年，全县实施完成新增意愿户厕所改造3262户，2022年实施完成857户，县财政继续按照每户900元的标准予以资金补助。与此同时，针对"厕具维修、粪液抽取、资源化利用"等典型问题，该县将农村户厕和农村公厕后续管护服务统一委托给专业队伍，依托现有设施设备，每年度为厕所改造户提供两次免费粪液粪渣抽取服务，厕具维修服务仅收取工时费，有效解决了群众厕所改造的"后顾之忧"。

7.2.2　社会动员型

样本县政府通过宣传推广的方式引导农村居民的建设行为。

（1）宁夏回族自治区隆德县

在评价报告指导下，隆德县自2021年起积极推动农村生活垃圾治理，不少村镇开始启动垃圾分类细节化、垃圾处理专业化、积分兑换信息化、兑分细则规范化，从农户分类开始，逐步形成全民参与垃圾分类的良好氛围，也让村民收获了满满的成就感。凤岭乡李士村的村民们正在为改善身边环境而努力。如今，他们已经习惯将家里收集好的垃圾运到村上的再生资源分拣中心。工作人员对垃圾进行称重、再次分拣、登记，村民们则能获得奖励积分，用来兑换生活用品。

（2）安徽省霍邱县

解决基层治理难题，必须发挥群众主体作用。霍邱县引入美好环境与幸福生活共同缔造活动理念，逐步破解长期以来的乡村治理顽疾，真正让"村里事村民说了算，村民事村民自己管"。

"以前，开会都是干部讲话村民听，现在刚好反过来——村民发言干部记。"岔路镇元圩村72岁老党员冯玉成用这样一个现象，说明了村民主体意识的变化，"村里搞什么建设、引什么项目、办什么活动，现在都要先听听群众怎么想怎么说，逐步形成'治理自觉'"。

在共同缔造理念影响下，元圩村以丰富"农民乐园"为内涵，建立"村民信用体系",开设了可用积分兑换日用商品的"振风超市",将"忠孝、友善、诚信、勤劳、节俭、优美"文明道德行为变得可量化、可触摸,让乡村治理动起来、活起来,百姓参与自治的积极性、主动性不断提高。该村还举办了"霍邱县李子节""迎新春送对联"以及拔河、跳绳等文体活动,注重困难家庭、困难党员帮扶,形成人人讲和谐、人人求和谐、人人促和谐的良好氛围,最终进入省级乡村治理示范创建村名单。

(3)云南省建水县

为解决评价报告中指出的农村人居环境存在的问题,建水县深入实施村庄清洁行动。2021年以来,多次开展入户宣传教育,发放宣传资料、张贴宣传标语,引导群众从房前屋后干净整洁的实事、小事做起,全县共发动农民群众投工投劳153621人次,分类清理自家村内的生活垃圾,清洁村内水塘1269个,打造干净整洁的农村环境。2022年以来,完成4个精品示范村和38个美丽村庄布点工作,围绕村内道路、农村生活垃圾污水治理等方面,加大资金投入,提升农村人居环境整治力度,打造设施完善的美丽宜居村庄。2021年以来,建水县还在全县开展农村人居环境整治督导,每周组成3个督导组对全县14个乡镇农村人居环境整治工作进行随机督导,将结果列入乡镇年度综合考评,督促乡镇及时整改销号。全县所有自然村均建立农村人居环境整治成效"红黑榜"制度,截至目前,全县共发布17期"红黑榜"。

(4)广东省阳西县

围绕评价报告所提"开展美好环境与幸福生活共同缔造行动"的建议,阳西县坚持党建引领,通过发挥乡贤作用,引入专业团队,助力农村人居环境整治。该县充分发挥党员干部的先锋模范作用,积极发动群众参与,凝聚一股强大的向心力,唤醒广大村民的"主人翁"意识。2021年以来,阳西县以共同缔造的方式,推动农村生活垃圾治理等工作开展。各村委会实行包干到片、责任到户,建立了农村人居环境门前三包和"红黑榜"制度,通过正面激励与反面警示相结合,有效激发了农村群众参与人居环境整治的积极性、自觉性和主动性，营造出"人人参与、共同缔造幸福乡村"的良好社会氛围。

7.2.3 制度创新型

样本县政府通过机制体制创新，建立新的工作方式，推动乡村建设实施。

（1）宁夏回族自治区隆德县

农房安全曾是隆德县面临的重要挑战。结合评价报告，隆德县今年成立了农村住房安全保障工作领导小组，出台农村住房安全保障政策，建立部门、乡镇、村组、驻村工作队四方联动机制，依托"农村房屋安全隐患排查整治信息平台"，组织对全县所有自建房开展拉网式排查、网格化管理，排查信息全部实现信息化管理。同时，当地健全完善农村低收入群体等重点对象住房安全动态监测机制，通过住房安全隐患农户主动申报、基层干部日常巡查报告、房屋信息定期比对筛查核检等方式，动态监测农房安全。当地对低收入群体改造危房的给予补贴。2022年新增的21户农村危房全部改造完成，实现存量危房动态清零。

（2）湖南省宁远县

针对评价报告中提出"加强管理队伍建设，从严保障农房建设顺利开展"的建议，为从源头上解决农村住房安全和品质问题，宁远县积极落实《湖南省农村住房建设管理办法》和《湖南省人民政府办公厅关于进一步加强农村住房质量安全监管的通知》要求，组织专业设计团队，根据各乡镇街道风土人情等实际情况，编制了建房图集供建房户选择，并充分运用"县住房和城乡建设部门＋乡镇综合执法大队＋村建房理事会"三级监管机制，对新建农村住房进行质量安全实地抽查，发现问题当场交办并持续跟踪整改，做到农村新建房屋质量安全有保障（图7-4）。在已连续开展两年乡村建设工匠培训的基础上，宁远县制定了 2021—2022 年乡村建设工匠培训计划，列出专项资金，先后组织开展 3 批次乡村建设工匠培训，培训人数达 700 人。

图 7-4　宁远县农房建设
图片来源：中国建设报

（3）河南省郏县

针对评价报告指出的"养老设施配置不足、服务水平不高"的问题，郏县锚定"农村普惠型养老机构建设"的目标，提出"搭建一个平台、用好两支队伍、发挥三种力量"的总体思路。把服务对象定位于农村普通老年人，通过建设农村幸福院这一平台，用好村组党员干部和妇联"四组一队"（郏县创新村级妇联运行机制成立的发展组、权益组、宣教组、家风组和巾帼志愿服务队）两支队伍，发挥政府、村"两委"和社会爱心人士三种力量作用，借鉴城市社区日间照料中心模式，在全县开展农村幸福院建设工作，为老年人提供免费休闲娱乐、日间照料和有偿就餐等服务（图 7-5）。目前，郏县具有村级养老服务设施的行政村数量由 2021 年的 102 个增至 2022 年的 132 个，日可吸纳服务老人 6300 余人，探索了一条低成本运行、高效率推进、多层面见效的农村养老服务新路子，完善了基层社会治理新模式。

图 7-5 郏县农村幸福院
图片来源：中国建设报

（4）江苏省建湖县

建湖县建立了新型农村社区长效管理机制，逐步规范物业管理，通过制定出台新型农村社区物业管理服务清单及考核办法，组织部分县政协委员开展专题协商议事活动，优化队伍结构，加强业务培训，加大宣传力度，引导农村居民参与乡村共建，规范有序开展村庄绿化、河道整治、垃圾清运、技防安装等治理工作，全力打造精致秀美镇村。

自新型农村社区建成以来，光明村在推进基层治理过程中，引入了美好环境与幸福生活共同缔造理念，通过党建引领，实行以党支部为核心、以村委会为主体的"1+1+N"管理模式，配备红色物业管理人员，设置社区物管办，推动社区居民参与社区治理，以"广场夜谈""小板凳议事会"等干群沟通形式，积极推行有事好商量、众人的事情众人商量等协商议事制度，构建了具有地方特色的管理模式。

7.2.4 项目驱动型

样本县政府通过项目立项推动乡村建设实施。

（1）青海省循化县

对于评价报告所提"部分公共服务设施配套达不到村民期望"的

问题，循化县提速乡村卫生服务体系建设，围绕"保基本、强基层、建机制"要求，突出问题导向，落实"硬核"措施，提升基层医疗服务水平。通过东西部扶贫协作帮扶项目，当地实施标准化村卫生室建设及村卫生室改扩建，改善村庄医疗卫生工作现状，使疾病预防等公共卫生服务得到改善。患者们如今能够在循化县中藏医院里与省城三甲医院的专家"面对面"。该医院通过青海省藏医院派驻专家技术指导、远程会诊、义诊下乡等措施，向百姓提供更便捷、更优质的医疗服务。根据循化县人民医院负责人介绍，除了建立紧密性跨区域医疗联合体，他们还连通下属9家乡镇卫生院、3个社区卫生服务站，搭建远程诊疗信息平台，依托县级医疗资源，不定期组织乡村医生集中跟班学习，提升乡村医疗机构诊疗能力，真正实现县级医院与乡镇卫生院远程医疗全覆盖。

（2）河北省柏乡县

针对部分基础设施建设相对滞后的问题，柏乡县积极开展农村水源置换，供排水、路网等设施建设和改造。高标准实施农村生活水源置换项目，2022年以来完成了45个村给水管网敷设，总长度750km。

针对群众就医、教育等急难愁盼问题，柏乡县以县中心医院作为牵头医院，联合全县6所乡镇卫生院组成"1+6"的柏乡县医共体。通过"行走的医院"项目把全县121所村卫生室连接到中心医院，实现村卫生室与中心医院远程会诊，推动优质医疗资源下沉。实施学校标准化建设攻坚工程，提高寄宿制学校住宿条件，补齐寄宿学校办学条件短板，促进教育均衡发展。

（3）宁夏回族自治区平罗县

针对评价报告提出"推动县城提质增效，增强综合服务能力"的建议，平罗县加快推进县城建设，实施金税小区、唐徕小区等12个老旧小区改造项目，改造提升小区周边玉皇阁巷等3条配套道路，解决了部分老旧小区管道跑冒滴漏、淤积堵塞等问题，极大地改善了老城区居民的居住品质。位于平罗县老城区的鼓楼南北街还进行了 1.3km 的道路排水系统改造，使县城排水管道系统完整性得到提高、城市排水防涝能力得到增强。此外，平罗县还结合本地历史文化传承，推进鼓楼及玉皇阁特色街区风貌改造，塑造特色风貌，提升县城整体形象和品位。一系列项目做到了综合施策，县城综合承载能力不断提高，更好地满足了人民日益增长的美好生活需要。

（4）甘肃省庄浪县

乡村建设评价开展以来，庄浪县认真贯彻国家关于农村人居环境综合整治部署要求，逐步补齐农村基础设施建设短板，配备垃圾清运车、垃圾收集斗等环卫设施，建成第二生活垃圾填埋场、餐厨垃圾无害化处理设施，扎实推进生活垃圾焚烧发电项目，新型农用地膜及反光膜回收利用生产线落地投产。此外，当地还投资 7762 万元，实施了 9 个乡镇污水管网建设项目和盘安镇王宫村村容村貌治理项目、杨河乡雨污分流改造项目，建设污水收集管网 33.4km、雨水管网 7.2km，开建了以硬化巷道、铺设雨污管网和亮化绿化为主要内容的水洛镇城区五村综合整治项目。

7.2.5 示范带动型

样本县政府通过打造示范点探索建设路径，由点及面推动乡村建设实施。

（1）四川省米易县

针对评价报告提出"农房建造水平有待提升"的问题，米易县对排查出问题的农房分类整治，加快推进 C、D 级危房加固改造或拆除，2021 年以来，已完成农村危房改造 1639 户。当地积极试点现代夯土农房，利用可就地取材的特性，降低建材生产和运输成本，提高农房保温隔热性能（图 7-6）。攀莲镇贤家村、观音村等村开展了现代夯土农房试点建设，南坝村、油房村等 50 余户边远山区农户则被列入推广计划。

图 7-6　米易县夯土农房
图片来源：中国建设报

（2）湖南省宁远县

针对评价报告提出的"自然村垃圾处理仍是突出短板"的问题，宁远县通过建立"户清扫—村收集—镇清运—县处理"四级链式垃圾清运模式，实现农村生活垃圾收转运410个行政村全覆盖，同时采取以点带线、以线带面的形式，稳步推进垃圾分类示范点创建工作（图7-7）。目前全县已经创建了舜陵街道、湾井镇等4个示范乡镇（街道），山水城等12个示范小区以及18所示范学校、30个示范机关垃圾分类和资源化利用试点，全县生活垃圾焚烧无害化处理率达到100%。

图 7-7　宁远县组织村民开展垃圾分类活动
图片来源：中国建设报

（3）安徽省黟县

从 2022 年开始，黟县开展生活垃圾分类和资源化利用试点示范工作，逐步建立分类投放、分类收集、分类运输、分类处理的收运处置体系。依托"生态美超市"，通过积分兑换生活物品，使群众自觉养成垃圾分类、回收利用的新风尚。碧阳镇碧山村"生态美超市"负责人表示，超市成立后，村里的烟头、塑料瓶明显少了很多，村民们用瓶瓶罐罐兑换生活用品，文明意识提高不少。此外，黟县还试点推进"五微"美丽乡村建设，深耕"金边银角"，打造"三化三宜"美丽家园创建活动。西递镇西递村对标"席地而坐"标准，组建专业保洁队伍，通过划分片区、责任到人，推进村庄环境微改造、精提升（图7-8）。

图 7-8　黟县西递镇落实党员包保环境整治
图片来源：中国建设报

（4）重庆市奉节县

针对评价报告指出"农房建设水平有待提高"的问题，奉节县在康乐镇土坎村开展农房建设改造试点工作。改造初期，由于投入较大，村民积极性普遍不高而难以实施。在此情况下，村"两委"召开党员大会，明确 82 户先行试点示范，其中 29 名党员带头改造，发挥带动示范作用。改造后，群众看到了白墙红瓦、干净整洁、窗明几净的效果，纷纷主动申请加入农房改造行列。此后，由村集体经济组织按照县住房和城乡建设委员会设计的标准，组织施工队伍持续开展农房"五改一建"行动。截至 2021 年底，土坎村由政府政策性投入 1100 万元、群众自主投入 4800 余万元，完成了 739 户住房内外的全面改造，目前全村农房风貌趋于统一，户户都住上了小楼（图 7-9）。

图 7-9　奉节县康乐镇土坎村农房建设改造
图片来源：中国建设报

附录

一、乡村建设评价工作流程

（一）专家团队与样本县对接

调研前，省级专家团队和样本县进行工作对接，介绍评价工作内容，请样本县按调研前材料收集清单准备材料，协助样本县制定工作方案。工作方案主要包括建立评价工作机制、明确部门分工、实施步骤和保障措施等。

（二）开展动员部署和培训

样本县召开动员部署暨培训会，部署乡村建设评价内容、分工和时间要求等。省级和样本县所在地级市住房和城乡建设部门参会。省级专家团队开展培训，讲解评价指标、问卷调查、现场调研等内容和要求。

（三）数据采集

1. 部门座谈。省级专家团队与样本县有关部门开展座谈，了解县域乡村建设、评价成果应用等工作情况，包括主要经验、面临的问题、工作创新、有关指标数据等。样本县指定一名负责人员，收集县有关部门上报的指标数据，在乡村建设评价信息系统进行填报。样本县所在地级市将城乡对比涉及的有关城市指标数据反馈给省级专家团队。

2. 问卷调查。样本县组织在所有乡镇开展村民问卷调查，在3个乡镇的所有村开展村干部问卷调查。

3. 村景采集。样本县组织在所有乡镇至少选3个行政村开展村景采集。

4. 实地调研。省级专家团队选择3个乡镇10个行政村开展实地调研。

（四）数据分析，形成评价报告

省级专家团队基于多渠道采集的数据和调研了解的情况，从城乡差距、农民满意度等方面进行综合研判，分析评估乡村建设水平和存在的问题，提出工作建议，完成省级、县级乡村建设评价报告。

（五）征求意见

征求关于省和样本县乡村建设评价报告的意见，根据意见修改完善。

（六）成果反馈和应用

反馈评价成果。各省（区、市）和样本县运用评价成果，制定工作方案，采取有针对性的措施解决乡村建设存在的问题和短板，并将评价成果作为编制有关规划、制定政策、确定乡村建设年度计划和项目库的重要依据，不断提高乡村建设水平。

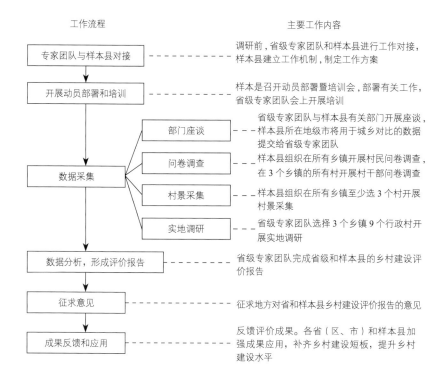

二、乡村建设评价工作分工

（一）省级主管部门工作分工

1. 建立工作机制，成立专家团队。省级住房和城乡建设部门建立工作机制，组织省级专家团队具体负责开展评价工作。

2. 加强督促协调。协调样本县及其所在地级市配合做好相关工作。指导样本县做好动员部署、数据采集等相关工作，协调样本县所在地级市提供用于城乡对比的有关城市数据。

3. 研究确定指标预期值。省级住房和城乡建设部门根据《乡村建设评价指标体系预期值设置参考表》，结合本地区的实际情况，对要求设置预期值的指标分别设置 2022 年和 2025 年的预期值，并在乡村建设评价信息系统进行填报。

4. 指导报告撰写。组织省级专家团队分析数据、撰写报告，对报告进行审阅提出修改意见，保证报告质量。

5. 加强成果应用。针对评价发现的问题，会同有关部门制定工作方案，明确责任分工和完成时限，完善相关政策，加强对样本县的指导，提升乡村建设水平，逐步形成"开展评价、查找问题、推动解决"的工作机制。坚持尊重乡村建设发展规律，尽力而为、量力而行，因地制宜、分类施策，统筹推进乡村建设各项工作。

6. 加强总结宣传。及时总结和宣传各地开展乡村建设评价、应用评价成果解决问题的做法和成效。

（二）地级市工作分工

1. 参加动员部署暨培训会。地级市住房和城乡建设部门派相关负责人参加样本县动员部署暨培训会。

2. 协调收集指标数据。协调市级有关部门提供城乡对比所需的城市指标数据，按时提交给省级专家团队。

3. 指导成果应用。指导样本县针对评价发现的问题，提出有针对性的解决措施，有序解决查找出的问题和短板，统筹推进乡村建设各项工作。

（三）样本县工作分工

1. 建立健全工作机制。建立由县委县政府负责同志牵头，住房和城乡建设等部门组织协调，农业农村、统计、教育、医疗、民政、生态环境、自然资源等部门参与。制定实施方案，明确部门分工、实施步骤和保障措施。将有关负责同志的联系方式报专家团队、省级住房和城乡建设部门、住房和城乡建设部村镇建设司。

2. 召开动员部署暨培训会。组织县级相关部门、各乡镇具体负责同志参加，部署有关工作。

3. 组织数据采集。参照《乡村建设评价指标体系填写指南（县级政府部门使用）》，组织县级相关部门提供指标数据。确定一名负责人员，收集汇总各部门上报的数据，在乡村建设评价信息系统进行填报。组织开展村民和村干部问卷调查、村景照片采集等工作。

4. 配合专家团队开展实地调研。

5. 成果应用。对县级乡村建设评价报告提出反馈意见。针对评价发现的问题，制定工作方案，提出有针对性的解决措施，纳入乡村建设重点工作，明确责任分工和完成时限，有序解决查找出的问题和短板，统筹推进乡村建设各项工作，提升乡村建设水平。

（四）省级专家团队工作分工

1. 与样本县对接，收集资料。向样本县收集基本资料，用于掌握样本县基本情况、进行指标数据校核等。要将收集到的资料归档整理，上传至乡村建设评价信息系统。

2. 参加动员部署暨培训会，开展培训。参加样本县组织的动员部署暨培训会，讲解指标体系、数据采集、问卷调查、村景采集、现场调研等内容，明确有关要求和完成时限。

3. 部门座谈。座谈了解样本县在县城建设、乡村建设等方面的基本情况、主要特点，开展的创新性工作，面临的困难和问题，下一步工作考虑等，形成座谈记录。对于上一年度的评价样本县，还要了解评价成果应用情况，包括采取的措施、出台的政策、取得的成效和典型案例等。可采取集体座谈、分部门座谈等方式灵活安排。

4. 核实和填报指标数据。对样本县填报数据进行分析，如发现不合理数据与样本县进一步核实，并详细了解具体情况。整理分析问卷调查获得的指标数据，汇总城市指标数据，在乡村建设评价信息系统中进行填报。

5. 实地调研。在样本县至少选择3个乡镇，在乡镇至少选择3个行政村进行实地调研，包括开展村民访谈、村干部访谈、村景照片采集、实地考察等。收集乡村建设评价成果应用、乡村建设成效和问题的具体案例。

6. 组织开展照片打分评价。组织志愿者对采集到的村景照片和县城全景照片进行打分评价。具体的打分评价方式参考《村景照片打分评价指南》（附录十二）和《县城全景照片打分评价指南》（附录十三）。

7. 撰写评价报告。分析采集数据，结合实地调研的情况，总结评价成果应用情况，系统评价各样本县的乡村建设成效，梳理存在的突出问题和短板，提出工作建议，形成省和样本县的乡村建设评价报告。

三、乡村建设评价数据采集方法

数据采集主要包括指标数据、问卷调查、村景照片、实地调研等。

（一）指标数据

1. 样本县指标数据

样本县组织县级相关部门提供指标数据，确定专人收集汇总，在乡村建设评价信息系统中进行填报。具体操作流程参考《乡村建设评价数据采集方法》（附录三）。通过问卷调查获得的指标数据，由省级专家团队在乡村建设评价信息系统中进行填报。

2. 用于城乡对比的城市指标数据

样本县所在地级市住房和城乡建设部门根据《乡村建设评价指标体系填写指南（市级政府部门使用）》，组织收集城市指标数据，并按时反馈给省级专家团队。省级专家团队对城市指标数据进行校核，在乡村建设评价信息系统中进行填报。

（二）问卷调查

1. 村民问卷（样本县组织各乡镇开展）

样本县在每个乡镇各选2所小学（1所镇区小学、1所村庄小学），每所小学选一个规模为40人左右的班级（若村庄小学的班级规模较小，可根据实际情况选择多个班级），将纸质版的《美丽乡村建设，你我共同参与——致学生家长的一封信》（附录七）由学生带回家里，让家人当天按照信上指引扫码填写完成问卷。

样本县各乡镇通过多种方式（新闻媒体、微信群、宣传栏等）进行宣传，鼓励村民填写调查问卷。村民填写调查问卷的具体操作流程参考《问卷调查开展方式》（附录六）。

2. 村干部问卷（样本县组织至少3个乡镇开展）

省级专家团队在样本县选择代表不同经济发展水平（经济发展较好、一般、较差）的3个抽样乡镇（对于上一年度已开展评价工作的样本县，所选乡镇可以与之前选择的不一致）。样本县组织3个抽样乡镇，每个村的村干部通过"村景拍拍"微信小程序填写村干部问卷。

每个行政村只填写一份，勿多人重复填写。具体操作流程参考《问卷调查开展方式》(附录六)。

(三)村景采集(样本县组织各乡镇开展)

样本县的每个乡镇指定一名乡镇干部，至少选择3个行政村到实地拍摄包括农房、街巷、公共空间等要素在内的照片，每个行政村不少于18张，并使用"村景拍拍"微信小程序进行上传。每个乡镇所选择的行政村需要能够代表不同的经济发展水平(经济发展较好、一般、较差)。具体的操作指南及照片示例参考《村景照片采集指南》(附录八)。

(四)实地调研(专家团队至少在3个乡镇开展)

省级专家团队在样本县的至少3个抽样乡镇中，各选择至少3个行政村进行实地调研。所选择的3个行政村需要能够代表当地村庄不同的经济发展水平。

1. 村干部访谈

省级专家团队根据对村干部进行访谈，填写《村干部现场访谈记录表》(附录十，需提前准备纸质访谈表)，做好访谈记录。

访谈者需要在访谈前认真阅读《村干部访谈指南》，熟悉访谈内容，在访谈时留下村干部的联系方式并添加微信。访谈者当天在乡村建设评价信息系统录入访谈记录。

2. 村民访谈

省级专家团队在村庄内随机选取至少3户农户进行访谈，填写《村民现场访谈记录表》(附录十一，需提前准备纸质访谈表)，做好访谈记录。

访谈者需要在访谈前认真阅读《村民访谈指南》，熟悉访谈内容，在访谈时留下村民的联系方式并添加微信。访谈者当天在乡村建设评价信息系统录入访谈记录。

3. 村景采集

（1）使用"村景拍拍"小程序。省级专家团队在村内进行村景照片的拍摄，具体操作流程及照片示例参考《村景照片采集指南》（附录八）。

（2）无人机航拍。在时间、设备允许的情况下使用无人机对村庄进行航拍，数量为3~4张左右。具体拍摄要求参考《无人机航拍要求及示例》（附录九）。无人机拍摄的照片上传至"村景拍拍"微信小程序。

4. 村庄建设现状考察

省级专家团队在村内实地查看农房建设、村容村貌、人居环境、基础设施建设运行等情况并做好相关记录。收集乡村建设评价成果应用、乡村建设成效和问题的具体案例。

四、乡村建设评价调研前材料收集清单

具体需要收集的资料包括政府工作报告、统计公报、有关工作报告或经验总结等。

职能部门	资料需求
县政府	2021年度县政府工作报告
县统计局	2021年县统计公报
县住房和城乡建设、农业农村、生态环境等部门	县域农村污水处理，垃圾分类，厕所革命，农房风貌管控等方面的工作报告、工作方案等；乡村建设评价成果应用的工作方案、成效案例等
县农业农村局	县域发展数字乡村，农业机械化科技化，农业生产服务的工作报告，工作方案等
县教育局	县域教育资源配置的工作报告、工作方案等
县卫健委	县域医疗卫生设施配置的工作报告、工作方案等
县民政局	县域养老设施配置的工作报告、工作方案等
县发改局	县域相关规划、发展战略等

五、乡村建设评价县政府及县直部门访谈要点

1. 目前县—镇—村建设整体工作思路，主要的发展优势和方向，重点工作任务，存在的短板问题，希望评价工作关注的重点问题。

2. 目前全县规模化农业、特色农产品和农业品牌等建设情况；全县的农业龙头企业带动县内就业和吸引外出劳动力回流的能力；全县农业合作社运营情况，全县在土地流转、宅基地管理等方面的问题、措施及成效；县城、乡镇农业生产服务的成效和问题。

3. 全县工业产业园发展情况，带动县内就业和吸引外出劳动力回流的能力；县域劳动力来源、招工难度等。

4. 全县农房建设管理情况；农村人居环境整治提升情况，包括农村厕所改造、县镇村污水处理、垃圾处理（县—镇—村三级垃圾处理量、处理方式），以及存在的问题等；乡村风貌保护提升情况。

5. 县内教育设施分布情况，在全市乃至全省内的教育水平、短板；县城与乡镇中学、小学的生源情况。

6. 县内医疗设施分布情况，医疗卫生水平、短板，县—镇—村三级医疗设施的就诊情况如何；县城医院质量提升措施。

7. 县域内县—镇—村三级养老设施分布和运营情况，社会养老和居家养老的问题与建议等。

8. 县城近年来商品房建设情况，房价变化情况，购房者的主要来源。

9. 针对上一年评价发现的问题，是否制定了工作方案，开展了什么具体行动，实施了什么项目，有什么进展成效，有哪些好的案例。

六、问卷调查开展方式（含村民问卷、村干部问卷）

1. 通过手机扫描小程序二维码，进入"村景拍拍"小程序主界面。

2. 点击栏目中的"问卷调查"，进入问卷页面，点击相应的"村民问卷"或者"村干部问卷"。每个行政村只需填写一份村干部问卷，不需要重复填写。

3. 根据您自身与所在村庄的实际情况，请勾选最合适的选项，填写对应的信息。题号前面带"*"的为必填题目。

4. 填写完毕后（所有必填题目都已完成），"提交"按钮会变成绿色，点击"提交"完成问卷填写。

七、美丽乡村建设　你我共同参与——致学生家长的一封信

尊敬的家长朋友：

　　您好！

　　为了解我县乡村建设的现状和广大农民群众对乡村建设的满意度，我县正面向广大农村居民开展关于乡村建设的问卷调查。诚挚邀请您参与本次美丽乡村建设调查活动，请您按照以下步骤操作，完成并提交问卷。

　　操作流程：

　　（1）通过手机扫描小程序二维码，进入"村景拍拍"小程序主界面。

　　（2）点击固定窗口中的"问卷调查"，进入问卷页面，点击"村民问卷"。

　　（3）根据您自身与所在村庄的实际情况，请勾选最合适的选项，填写对应的信息。题号前面带"*"的为必填题目。

（4）填写完毕（进度达到100%）后，"保存"按钮会变为"提交"，点击"提交"即可。

八、村景照片采集指南

省级专家团队和各乡镇负责人在村庄内使用"村景拍拍"微信小程序进行村景照片的拍摄采集。每个村至少拍摄18张照片，具体拍摄场景及数量如下表所示，如果没有某一大类的要素照片，可以多拍农房照片。

大类	具体对象	照片数量
广场	村庄较为宽阔的活动空间	1
水体	河流、水塘或水渠	1
环境	小花园、小菜园、小果园、小公园	2
	村口（带有村庄名字标识）	1

续表

大类	具体对象	照片数量
农房	连续的多栋农房	2
	独栋农房	2
公共建筑	村委会	1
	学校	1
	祠堂	1
道路	村庄对外联系的道路	2
街巷	村庄内部的大街小巷	2
设施	公厕	1
	垃圾收集点	1

1. 操作流程

（1）通过手机扫描小程序二维码，进入"村景拍拍"小程序主界面。

（2）点击主界面中部绿色"拍照"按钮，选择"拍摄"进入拍照页面。

（3）正对拍摄对象并聚焦，点击"拍摄"，选择"√"完成本张图片拍摄。

（4）完成一张图片拍摄后，点击"+"，重复步骤（3）继续拍摄图片，一个帖子最多可以完成6张图片的拍摄并上传。

（5）拍摄完成后，点击"添加地点"，输入拍摄的村名，点击"搜索"，选择拍摄所在的村庄名字（注意：可能会出现不同地区相同村名，需要选择当前所对应地区的村）。

若搜索后没有出现对应的村名，可以选择手动添加地址，按照要求选择对应的省—市—县—镇，再手动输入村名，最后点击"确定"。

（6）全部完成后，点击右下角的"发布"，等待发布完成。若出现上传失败，可以在步骤（2）中选择"从相册选择"，挑选刚刚拍摄的照片，添加地址后重新发布。

2. 村景照片拍摄示例

（1）环境（3张）

小花园、小菜园、小果园、小公园（2张）

村口（1张）：带有村庄名字标识

（2）设施（2张）

公厕（1张）

垃圾收集点（1张）

九、无人机航拍要求及示例

省级专家团队在实地调研的过程中，在时间、设备允许的情况下使用无人机对村庄进行航拍，数量为3~4张。具体要求及示例如下：

（1）角度一：村庄全景。斜向下拍摄。拍摄 1~2 张。

（2）角度二：村庄俯视。镜头与地面垂直，能看清楚房屋结构。拍摄 1 张。

（3）角度三：镜头与地面夹角约为 30°，能拍出完整房屋立面。拍摄 1 张。

十、村干部现场访谈记录表

类型	序号	项目名称	备选项（填报数据单位）	说明
地址信息	1	省市县/区		
	2	镇/乡		
	3	行政村		
	4	自然村个数	_____个	
基本情况	5	是否曾是建档立卡贫困村	①是；②否	
	6	地形地貌（单选）	①平原；②丘陵；③山地	
	7	村域面积	_____km²	行政村范围，含建设用地、耕地、山林、水域、荒地等
	8	村庄现状建设用地面积	_____亩	包括村庄住宅、公共服务、公共活动、产业、基础设施等用地
	9	耕地面积	_____亩	
	10	人均耕地面积（以户籍人口计算）	_____亩/人	
	11	丢荒弃耕的耕地面积	_____亩	指连续多年不耕种任何作物，区别于轮作休耕
	12	已流转的耕地面积	_____亩	村民之间非正式的耕地转让行为不计入
	13	每户家庭的平均宅基地面积	_____m²/户	单位统一换算为 m²，1 亩 ≈ 666.7m²
	14	村集体总收入	_____万元	不包括上级财政拨款收入，没有的填"0"
人口情况	15	户籍户数	_____户	户籍登记在本村的户数
	16	户籍人口数	_____人	户籍登记在本村的人口数
	17	常住人口数	_____人	每年在村里居住半年及以上的人口，户籍不限
	18	其中，18岁以下的小孩数	_____人	
	19	其中，60岁以上的老人数	_____人	

续表

类型	序号	项目名称	备选项（填报数据单位）	说明
人口情况	20	本村全职务农的劳动力人数	_____ 人	18岁到60岁之间、户籍本村、只在本村从事农业生产的人口
	21	本村亦工亦农的劳动力人数	_____ 人	18岁到60岁之间、户籍本村、既做农活又外出打工的人口
	22	本村在县外务工的劳动力人数	_____ 人	18岁到60岁之间、户籍本村、前往县外务工的人口
	23	外来流动人口	_____ 人	每年在村里居住半年及以上，但户籍不在本村的人口
	24	上年度返乡人口数	_____ 人	上一年返乡后不再外出务工的人口数
	25	通过电商销售产品的农户	_____ 户	通过电商进行农产品、手工艺品等经营的农户数量
住房情况	26	村内农房总数	_____ 栋	全村住宅房屋总数，不算村内公共建筑；围合成院落的多栋农房算作一栋，下同
	27	一年以上无人居住的农房数	_____ 栋	
	28	农房内有独立厨房的数量（不含一年以上无人居住的房屋）	_____ 栋	独立厨房是指与生活区分离，单独在农房内（不含院落）布置、用作烹饪的房间
	29	农房内有可洗热水澡的独立浴室的数量（不含一年以上无人居住的房屋）	_____ 栋	独立浴室是指与生活区分离，单独在农房内（不含院落）布置、用作盥洗、淋浴的房间
	30	农房内有水冲式厕所的数量（不含一年以上无人居住的房屋）	_____ 栋	水冲式厕所是指使用自来水冲厕，并连接化粪池或污水管道的厕所
	31	新建农房情况	①上一年村内新建的农房数：____栋，其中，使用预制楼板建造的新建农房数量：____栋；②履行宅基地手续和规划建设手续的新建农房数量：____栋；③新建农房中有设计方案，或采用标准图集农房数量：____栋	①新建是指2021年新开工建设的农房，包括空地新建或拆除重建；②预制楼板建造的农房是指用预制楼板通过拼合、焊接搭建的房子（俗称"大板房"）；③农房审批手续包括：宅基地手续、规划建设手续、竣工验收手续、房屋登记手续，其中履行审批手续的新建农房应至少含有前两个手续

续表

类型	序号	项目名称	备选项（填报数据单位）	说明
住房情况	32	2021年村内翻新的农房数	_____栋	楼层加建、屋顶翻修、墙面粉刷贴砖等不触及房屋结构的更新
	33	2021年的建房成本	_____元/m²	房子本身的建安成本（不含装修费用）
公服情况	34	村内是否有幼儿园	①是；②否	
	35	村内是否有小学	①完全小学（一到六年级都有的小学）；②小学教学点（只有部分年级的学校）；③都没有	
	36	村内是否有快递点	①是；②否	
	37	村内是否有养老服务设施	①是；②否	如安居楼、幸福院、长者食堂、日间照料中心等
	38	村内是否有政务一体机	①是；②否	①政务一体机泛指以便民为宗旨，将现有门类繁多、内容单一的自助服务终端整合为统一平台的综合政务服务终端；②不同地区的设备名称不同，具有相同功能的设备也可计入
	39	到达幼儿园的时间	①5分钟以内；②5~10分钟；③10~15分钟；④15~30分钟；⑤30分钟以上	到达最近的幼儿园
	40	到达小学的时间	①5分钟以内；②5~10分钟；③10~15分钟；④15~30分钟；⑤30分钟以上	到达最近的小学
	41	到达中学的时间	①5分钟以内；②5~10分钟；③10~15分钟；④15~30分钟；⑤30分钟以上	到达最近的中学
	42	到达村卫生室的时间	①5分钟以内；②5~10分钟；③10~15分钟；④15~30分钟；⑤30分钟以上	到达最近的村卫生室
	43	到达乡镇卫生院的时间	①5分钟以内；②5~10分钟；③10~15分钟；④15~30分钟；⑤30分钟以上	到达最近的乡镇卫生院

续表

类型	序号	项目名称	备选项（填报数据单位）	说明
公服情况	44	到达养老服务设施的时间	①5分钟以内；②5~10分钟；③10~15分钟；④15~30分钟；⑤30分钟以上	到达最近的养老服务设施
	45	到达车站、巴士站的时间	①5分钟以内；②5~10分钟；③10~15分钟；④15~30分钟；⑤30分钟以上	到达最近的车站、巴士站
	46	到达商店、超市、菜市场的时间	①5分钟以内；②5~10分钟；③10~15分钟；④15~30分钟；⑤30分钟以上	到达最近的商店、超市、菜市场
	47	到达快递点的时间	①5分钟以内；②5~10分钟；③10~15分钟；④15~30分钟；⑤30分钟以上	到达最近的快递点
	48	村卫生室是否经常有医护人员值守	①是；②否	周一到周五上班时间有医护人员在岗值守
人居环境	49	村内主要道路路面状况	①水泥；②柏油；③砂石；④砖、石板；⑤土路；⑥其他	
	50	村内主要道路有没有路灯	①有，村内所有主要道路都有；②部分有，村内一部分主要道路有；③没有，村内的主要道路都没有	
	51	村内有没有通燃气管道	①有，全部自然村都通了；②部分有，仅部分自然村通了；③没有，没有自然村通了	
	52	村内供水情况	①集中供水，水源为自来水厂的自然村个数：＿＿＿个；②集中供水，水源非自来水厂（如井水等）的自然村个数：＿＿＿个；③无集中供水的自然村个数：＿＿＿个	

续表

类型	序号	项目名称	备选项（填报数据单位）	说明
人居环境	53	村内污水处理情况	①接入城镇污水处理管网的自然村个数：___个；②有村级独立污水处理设施的自然村个数：___个，其中在有效运转的有：___个；③污水未进行处理的自然村个数：___个	
	54	村内公厕有没有专人管护	①有；②没有	
	55	村内有没有保洁人员	①有；②没有	包括雇佣村民或承包给企业所雇佣的人员等
	56	村内生活垃圾处理情况	①全部收运到县镇垃圾处理设施处理；②部分收运到县镇垃圾处理设施处理，部分村里简单处理；③没有建立垃圾收运体系，全部村里简单处理或不加处理	
	57	村内建筑垃圾处理情况	①委托第三方企业运走制砖，再资源化利用；②统一收集转运处理；③村内就近填埋；④村内路边等直接堆放；⑤其他：_____	
	58	开展垃圾分类的自然村个数	___个	分干/湿垃圾，或可回收/不可回收垃圾等做法；村民将厨余垃圾喂鸡鸭、废品回收等行为不算垃圾分类
	59	村内垃圾转运走时有没有分类装好	①有；②没有；③没有建立垃圾收运体系	
	60	村内有没有专业的泥瓦匠	①有；②没有	
	61	村内对村民建房的风貌是否有要求	①有；②没有	
	62	上一年村内有多少村民集资建设村庄	___人次	如修路修桥、修缮祠堂广场等
	63	上一年村内有多少村民义务投工投劳参与村庄建设	___人次	如参加修路修桥等设施建设、村庄环境整治项目等

续表

类型	序号	项目名称	备选项（填报数据单位）	说明
人居环境	64	上一年村庄实施的建设项目类型及投资情况（若有则勾选相应选项，并填写相应金额）	①农业设施建设（例如农田水利、土壤改良、设施农业等），投资金额：_____万元； ②村庄基础设施建设（例如修路、修桥、供水、燃气、供热、公共照明等），投资金额：_____万元； ③人居环境建设（例如厕所改造、生活垃圾污水治理、绿化等），投资金额：_____万元； ④三产融合相关设施建设（例如农产品加工、物流设施等），投资金额：_____万元； ⑤公共服务设施建设（教育、医疗、养老、文体、政务服务等设施），投资金额：_____万元； ⑥其他：_____，投资金额：_____万元； ⑦没有投资项目	

受访者信息：

1. 职务

（1）村支书　　　（2）村委会主任

（3）党支部成员　（4）村委成员

（5）其他：_____

2. 最高学历

（1）小学及以下　（2）初中　　（3）中专/职高

（4）高中　　　　（5）大专　　（6）本科

（7）研究生及以上

3. 年龄：_____

4. 受访者手机或微信号_____

十一、村民现场访谈记录表

您所在的位置是：_____省_____县_____镇（乡）_____行政村

一、个人/家庭基本情况

1. 家庭人口总数_____人，其中劳动力（18~60岁、有工作或务农的）人数_____人，在县外务工的劳动力人数_____人，小孩（仍在读书或16岁以下）_____人，老人（60岁以上）_____人。

2. 您的年龄是_____岁。

3. 您的性别是？

（1）男　　　　　　（2）女

4. 您的学历水平？

（1）小学及以下　　（2）初中　　　（3）中专/职高

（4）高中　　　　　（5）大专　　　（6）本科

（7）研究生及以上

5. 您现在的主要工作是？

（1）务农　　　　　　　　　　（2）经商/做生意

（3）企业上班（包括工厂）　　（4）机关事业单位上班

（5）打零工　　　　　　　　　（6）不工作

（7）退休　　　　　　　　　　（8）其他：_____

6. 您现在主要在哪里工作？

（1）不工作　　　（2）村内　　　（3）镇区

（4）县城　　　　（5）县外　　　（6）其他：_____

7. 您对当前的工作状况是否满意？
（1）不工作或退休　（2）非常满意　　　（3）比较满意
（4）一般　　　　　（5）较不满意　　　（6）不满意

8. 您家一年收入大约多少（包括工资收入、农业生产收入、外出务工人员收入等各类收入）？
（1）1万元以下　（2）1万~3万元　（3）3万~6万元
（4）6万~10万元　（5）10万元以上

a）其中，县外务工人员的收入占家庭收入的比重是_____%（没有县外务工人员的，填"0"；其他相应填写百分数，1~100之间）

b）其中，农业生产收入（承包给别人的不算）占家庭收入的比重是_____%（没有进行农业生产的，填"0"；其他相应填写百分数，1~100之间）

9. 您对当前的家庭收入水平是否满意？
（1）非常满意　　（2）比较满意　　　（3）一般
（4）较不满意　　（5）不满意

10. 您对当前的家庭整体生活水平满不满意？
（1）非常满意　　（2）比较满意　　　（3）一般
（4）较不满意　　（5）不满意

11. 近三年来，您觉得您家庭生活水平有变化吗？
（1）变好很多　　（2）稍微变好　　　（3）基本不变
（4）稍微变差　　（5）变差很多

二、农业生产情况

12. 您家中自有耕地_____亩。其中，实际耕种土地_____亩，弃耕/撂荒（不包括轮种）耕地_____亩，转租给他人_____亩。您家中承包他人耕地_____亩。

13. 以下种植农作物过程中，您使用了农机设备的环节有？（多选）

（1）松土　　　　（2）播种　　　　（3）施肥

（4）灌溉　　　　（5）病虫害防治　　（6）收割

（7）不种地　　　（8）其他：_____

14. 您家使用的农机设备（包括收割机、喷洒农药设备、水泵等）来源？

（1）没有使用任何农机设备

（2）自家购买

（3）租用设备，设备来源包括企业、农机合作社或个人等

（4）请人干活，包括收割机队收割等

（5）其他：_____

15. 您是否与村内的合作社有合作？如果没有，具体的原因是？

（1）有合作

（2）无合作，合作门槛太高

（3）无合作，合作赚不到钱

（4）无合作，村里没有合作社或农业企业

（5）无合作，其他：_____

16. 您一般在哪里可以获取农机、农资服务（包括购买农药、种子，种植技术培训，机械设备服务等方面）？

（1）村内　　　（2）镇区　　　（3）县城

（4）网上　　　（5）不购买　　（6）其他：_____

17. 您对县内可提供的农业生产服务（包括购买农药、种子，种植技术培训，机械设备服务等方面）满不满意？

（1）非常满意　　（2）比较满意　　（3）一般

（4）较不满意　　（5）不满意　　　（6）不购买

三、县乡村公共服务

18. 您家中小孩在哪里上幼儿园？

（1）没有小孩上幼儿园　　（2）本村内

（3）周边村　　　　　　　（4）本镇镇区

（5）周边乡镇　　　　　　（6）县城

（7）市区　　　　　　　　（8）省城

（9）其他：_____

19. 您家中小孩上幼儿园的方式？

（1）没有小孩上幼儿园　　（2）自己上学

（3）家长接送　　　　　　（4）校车接送

（5）校内寄宿　　　　　　（6）其他：_____

20. 您家中小孩在哪里上小学？

（1）没有小孩上小学　　　（2）本村内

（3）周边村　　　　　　　（4）本镇镇区

（5）周边乡镇　　　　　　（6）县城

（7）市区　　　　　　　　（8）省城

（9）其他：_____

21. 您家中小孩上小学的方式？

（1）没有小孩上小学　　　（2）自己上学

（3）家长接送　　　　　　（4）校车接送

（5）校内寄宿　　　　　　（6）其他：_____

22. 您家中小孩在哪里上初中？

（1）没有小孩上初中　　　（2）本镇镇区

（3）周边乡镇　　　　　　（4）县城

（5）市区　　　　　　　　（6）省城

（7）其他：_____

23．您家中小孩在哪里上高中？

（1）没有小孩上高中　　　（2）本镇镇区

（3）周边乡镇　　　　　　（4）县城

（5）市区　　　　　　　　（6）省城

（7）其他：_____

24．您对您家的小孩就读学校的教学质量满不满意？

（1）满意　　　（2）比较满意　　　（3）一般

（4）较不满意　（5）不满意　　　　（6）不了解

25．您对您家的小孩就读学校的寄宿条件满不满意？

（1）满意　　　（2）比较满意　　　（3）一般

（4）较不满意　（5）不满意　　　　（6）不寄宿或不了解

26．您认为您家的小孩就读的学校还需要在哪些方面改进提升？（多选）

（1）聘请优秀教师

（2）改善学校教学设施、设备

（3）扩大宿舍设施，改善住宿条件

（4）强化校车运营

（5）提供营养校餐

（6）保留村小

（7）其他：_____

27．您去村卫生室看病时，是不是随时（除周六日及节假日以外）都有医生在？

（1）没有村卫生室　　　（2）是　　　　（3）否

28．您对村卫生室的医疗服务水平满不满意？

（1）满意　　　　（2）比较满意　　　（3）一般

（4）较不满意　　（5）不满意

29．如果您或您家人生小病，首先会选择去哪里看病？

（1）私人诊所或药店　　　（2）村卫生室

（3）乡镇卫生院　　　　　（4）县城医院

（5）市级医院　　　　　　（6）省医院或省外就医

（7）其他：_____

30．如果您或您家人生大病，首先会选择去哪里看病？

（1）乡镇卫生院　　　　　（2）县城医院

（3）市级医院　　　　　　（4）省医院或省外就医

（5）其他：_____

31．您对你们县整体医疗服务水平满意度情况？

（1）满意　　　　　　（2）比较满意　　　　（3）一般

（4）较不满意　　　　（5）不满意

32．您所在的村，村级养老服务设施（包括居家养老中心、日间照料中心、幸福院等）使用情况如何？

（1）使用率高　　　　（2）使用率一般

（3）使用率低　　　　（4）没有村级养老服务设施

33．如果您或您的家人需要养老服务，会选择去哪里养老？

（1）村内日间照料中心、幸福院等

（2）乡镇养老院、敬老院、养老服务中心等

（3）县城敬老院、养老院等

（4）居家养老

（5）其他：_____

34．您对你们县整体的养老服务满意度情况？

（1）满意　　　　　　（2）比较满意　　　　（3）一般

（4）较不满意　　　　（5）不满意　　　　　（6）不了解

35．您是否会经常去村内广场、宗祠等公共空间休闲娱乐，跟村民聊天等？

（1）经常去 　　　　（2）比较常去

（3）一般 　　　　　（4）较少去

（5）基本没去过　　（6）没有广场、宗祠等公共空间

36．您家平均每个月会网购几次？

（1）从不网购　　　（2）1~2 次

（3）3~5 次　　　　（4）6 次及以上

37．您平时去快递点取网购的商品大约需要多久？

（1）5 分钟以内　　（2）5~10 分钟　　　（3）10~15 分钟

（4）15~30 分钟　　（5）30 分钟以上

38．您到镇区购物所需时间约为多久？

（1）5 分钟以内　　（2）5~10 分钟　　　（3）10~15 分钟

（4）15~30 分钟　　（5）30 分钟以上

39．镇区的商业能否满足您日常购物需求？

（1）能满足　　　　（2）基本满足　　　　（3）一般

（4）不太能满足　　（5）无法满足

40．您一般使用哪种交通工具去县城？

（1）汽车　　　　　（2）摩托车

（3）电动自行车　　（4）机动农用车

（5）自行车　　　　（6）搭乘公交/农村巴士

（7）其他：_____

41．您对你们县的公共交通是否满意？

（1）满意　　　　　（2）比较满意　　　　（3）一般

（4）较不满意　　　（5）不满意　　　　　（6）不了解

42. 跟城市相比，您认为您所在县在公共服务方面差在哪些方面？（限选3项）

（1）幼儿园教育　　（2）小学教育　　（3）初中教育

（4）高中教育　　（5）村镇医疗质量　　（6）医院医疗质量

（7）养老服务　　（8）商业服务　　（9）公共交通

（10）其他：_____

四、农房与配套设施

43. 您家中在村里有_____栋自建房（厢房、配房不单独算），其中无人居住的有_____栋。您现在住的自建房是_____年建造的，层数是_____层，一层建筑（基底）面积约_____m²。

44. 您现在住的自建房是什么结构？

（1）砖混结构（预制板）　　（2）砖混结构（非预制板）

（3）框架结构　　　　　　　（4）轻钢结构

（5）竹木结构　　　　　　　（6）石砌

（7）其他：_____

45. 您现在住的自建房是否有以下构造？

（1）有圈梁　　（2）有构造柱　　（3）两个都有

（4）两个都没有　　（5）不了解

46. 您现在住的自建房外墙是否均有粉刷或瓷砖铺装？

（1）外墙均有粉刷或瓷砖铺装

（2）有一面或多面外墙没有粉刷或瓷砖铺装

（3）所有外墙均没有粉刷或瓷砖铺装

47. 您家中的自建房在建造前是否有设计图，设计图来自哪里？

（1）没有设计图

（2）有设计图，村里工匠、村民提供，或自己设计

（3）有设计图，政府部门提供的标准农房图集

（4）有设计图，通过淘宝等网络平台购买

（5）有设计图，通过专业的设计公司设计

（6）有设计图，其他来源：_____

48．您家中的自建房是谁建的？

（1）由自家人设计建造

（2）请本地施工队设计建造（包括有工匠证和没有工匠证的）

（3）请专业公司的施工队设计建造

（4）不了解，或其他：_____

49．您现在住的自建房内是否有以下设施？（多选）

（1）自来水

（2）独立厨房（只用作厨房的房间）

（3）浴室（能够使用热水淋浴的房间）

（4）有冲水设施的卫生厕所

（5）供暖设施（电暖器、空调等）

（6）制冷设施（空调、电扇等）

（7）宽带

（8）天然气（不包括罐装液化气）

50．您对现在住房的厕所条件满不满意？

（1）满意　　　（2）比较满意　　　（3）一般

（4）较不满意　（5）不满意

51．您对现在住房的厨房条件满不满意？

（1）满意　　　（2）比较满意　　　（3）一般

（4）较不满意　（5）不满意

52．您家中的自来水来源是什么？

（1）自来水厂　（2）井水　　　　（3）山泉水

（4）水库水　　（5）家中没有接自来水

53．您家中使用的自来水是否出现过浑浊、有异味，停水、水压不稳定等问题？

（1）极少出现　　　　　（2）偶尔出现

（3）经常出现　　　　　（4）家中没有接自来水

54．您家中的宽带网络是否出现网速过慢、断网等情况？

（1）极少出现　　　　　（2）偶尔出现

（3）经常出现　　　　　（4）家中没有接宽带网络

55．您家中的供电是否出现电压不稳定、断电等情况？

（1）极少出现　　　　　（2）偶尔出现

（3）经常出现　　　　　（4）家中没有通电

56．您家夏天平均一个月电费：＿＿＿＿＿元，冬天平均一个月电费：＿＿＿＿＿元，电价：＿＿＿＿＿元/度

57．a）您家中最常使用的生活燃料（做饭烧水）是什么？（单选）

b）除此之外还使用什么燃料？（单选）

（1）电　　　　（2）天然气　　　（3）罐装液化气

（4）煤　　　　（5）薪柴　　　　（6）沼气

（7）其他：＿＿＿＿＿＿＿＿＿＿

58．您家冬季主要采取哪种取暖方式？（限选2项）

（1）冬季不采暖　（2）燃气　　　　（3）煤炭

（4）薪柴　　　　（5）电暖器　　　（6）空调或热泵

（7）其他：＿＿＿＿＿＿＿＿＿＿

59．您家中是否使用煤炭、薪柴或秸秆？

（1）使用煤炭

（2）使用薪柴或秸秆

（3）两个都有使用

（4）两个都没有使用

60．您现在住的自建房是否出现以下情况？（多选）

（1）地基基础不牢靠。如挖槽不够、地基下沉、基础受到扰动等

（2）开裂。如楼地面开裂、墙体开裂、门窗洞口四角开裂等

（3）变形。如梁柱倾斜弯曲、墙体歪闪、门窗变形无法开启等

（4）剥蚀。如墙、柱烂根，混凝土剥落，钢筋锈蚀，木材腐朽等

（5）屋面渗水。如屋面局部塌陷、瓦片残缺不全、多处渗水漏雨等

（6）其他安全隐忧。可能遭遇地震、洪灾、火灾、风灾等

（7）没有以上安全问题

61．您对现在的总体住房条件满不满意？

（1）满意　　　　（2）比较满意　　　　（3）一般

（4）较不满意　　（5）不满意

62．跟城市的商品房相比，您认为您现在住的自建房条件差在哪些方面？（限选3项）

（1）农村更好，或没有差别　　（2）厨房条件

（3）浴室条件　　　　　　　　（4）厕所条件

（5）使用自来水　　　　　　　（6）使用生活能源

（7）住房安全　　　　　　　　（8）供暖条件

（9）其他：_____

63．您家中购买的商品房在哪里？

（1）没有购买　　（2）镇区　　（3）县城

（4）市区　　　　（5）其他：_____

64．您在城里购买商品房的目的是？（多选）

（1）没有购买　　　　　　　　（2）子女可以上好学校

（3）结婚，做婚房　　　　　　（4）医疗条件好

（5）城中生活方便，服务设施好　　（6）城中离工作地点近

（7）其他：＿＿＿＿＿＿＿＿

65．如果您或您家人准备结婚，您家会准备的婚房是？

（1）在县城或市区购买商品房

（2）在镇区购买商品房

（3）在村里新建住房

（4）翻新旧房

（5）其他：＿＿＿＿＿＿＿＿

五、村庄人居环境

66．您家的厨余垃圾（主要是厨房中产生的垃圾，像菜叶、剩菜、剩饭、果皮、蛋壳、茶渣等）如何处理？（多选）

（1）用来喂鸡、鸭等　　（2）放到村庄垃圾收集点或公共垃圾箱

（3）自家焚烧或填埋　　（4）直接丢弃

（5）堆肥　　　　　　　（6）其他：＿＿＿＿＿＿＿＿

67．您家的生活固体垃圾（如纸箱、塑料袋、包装袋等）如何处理？（多选）

（1）能卖钱的固体垃圾收集起来卖掉

（2）放到村庄垃圾收集点或公共垃圾箱

（3）自家焚烧或填埋

（4）直接丢弃

（5）其他：＿＿＿＿＿＿＿＿

68．您是否先把垃圾分类，再丢到不同的垃圾箱里？

（1）是　　　　　　　（2）否

69．您对于村内的垃圾收集转运处理情况是否满意（例如堆放点垃圾是否清理及时、无明显异味）？

（1）满意　　　（2）比较满意　　　　（3）一般

（4）较不满意　　（5）不满意

70. 您家的生活污水（如洗澡水、洗衣水等）如何处理？（多选）
（1）直接排入村庄沟渠或污水井
（2）进入村内污水处理设施
（3）接入城镇污水处理管网
（4）再次利用（如浇花、冲厕所等）
（5）其他：_____

71. 您家厕所的粪尿污水如何处理？
（1）进入化粪池，定期清理化粪池
（2）进入化粪池，待需要时用作农家肥
（3）进入化粪池后接入村级污水处理设施
（4）进入化粪池后进入城镇污水处理管网
（5）没有接入化粪池
（6）其他：_____

72. 您对于村内的污水收集处理情况（包括粪污、生活污水）是否满意？
（1）满意　（2）比较满意　（3）一般　（4）较不满意　（5）不满意

73. 您觉得村内河流、水塘水质好不好（水体有无异味，水面有无垃圾等）？
（1）水质很好　　　（2）水质良好　　　（3）一般
（4）水质较差　　　（5）水质很差　　　（6）没有河流

74. 您家门口的道路是否基本实现硬底化？
（1）是　　　　　　（2）否

75. 您觉得村内道路质量好不好（是否存在破损、凹陷等现象）？
（1）好　（2）较好　（3）一般　（4）较差　（5）差

76．您家有几辆汽车？

（1）1 辆　　　　　　　　（2）2 辆

（3）3 辆及以上　　　　　（4）没有汽车

77．您家宅前屋后或院落种植了什么作物？（多选）

（1）有种植花草　　　　　（2）有种植果树

（3）有种植蔬菜　　　　　（4）有种植其他农作物

（5）什么都没种

78．您对村庄整体环境满不满意（干净整洁等）？

（1）满意　　　（2）比较满意　　　（3）一般

（4）较不满意　（5）不满意

79．跟城市的小区环境相比，您认为村庄环境在哪些方面有待改善？（限选 3 项）

（1）村庄垃圾处理　　　　（2）村庄污水处理

（3）村庄绿化环境　　　　（4）村庄水塘环境

（5）村内道路环境　　　　（6）村内农房风貌

（7）养殖禽畜污染环境　　（8）农村更好，或没有差别

（9）其他：＿＿＿＿＿＿＿＿＿

六、村庄治理

80．您是否会参与村里组织的村民集体活动？

（1）经常参加

（2）偶尔参加

（3）很少参加

（4）不清楚有这些组织和活动

81．您是否熟悉您村内的各项事务（例如村庄选举、成立合作社等组织、集资修路等村庄公共事务）？

（1）非常熟悉，经常去了解讨论

（2）比较熟悉，基本都知道

（3）一般，大概熟悉，具体内容不清楚

（4）较不熟悉，只是偶尔听说

（5）完全不熟悉，无所谓

82. 您参与过哪些村庄建设？（多选）

（1）参与修路、修桥等基础设施建设

（2）参与修缮祠堂、修建广场等公共空间改造

（3）参与村内供水、污水处理等设施建设

（4）照顾孤寡老人

（5）参与房前屋后环境整治

（6）参与过村里集资项目

（7）都没有

（8）其他：_____

83. 您对村内的邻里关系是否满意？

（1）满意　　　　（2）比较满意

（3）一般　　　　（4）较不满意

（5）不满意

受访者手机或微信号_____

十二、村景照片打分评价指南

省级专家团队组织 5~10 名志愿者，对全国样本县的村景照片进行评分，按 1~10 个等级进行打分，1 分为最低分，10 为分最高分。打分标准参考下表。

评分志愿者需要进入"村景拍拍"小程序，滑动上方的板块选择"村景评价"模块，然后在最上方的"省级团队"中选择自己所属的

省级团队,在"评价指标"中选择"风貌协调度"和"村庄整洁度",分别对该评价指标下的所有照片进行打分。每项评价指标需保证至少有 5 名志愿者评分。

村庄风貌协调度评分表

评价要素	评价参考维度	综合分值
房屋建筑	房屋布局整齐,不杂乱	1~10 分 1 分(最差) …… 10 分(最好)
	色彩与周边环境整体协调	
	屋顶、门窗、山墙等农房建筑样式具有当地特色,与周边建筑相协调	
	建筑材料乡土化,少用城市型建筑材料	

续表

评价要素	评价参考维度	综合分值
道路	路面平整，无洼坑 采用混凝土或沥青 道路边界清晰 绿化植物乡土化，少用城市景观类植物 有路灯，道路标识清晰规范	同上
街巷	采用乡土化铺装材料 街巷与周边建筑整体协调 有路灯	同上
其他外部环境（树木、小花园、小菜园、小果园、小公园）	绿化植物乡土化，少用城市景观类植物 树池、围墙等材料乡土化，少用城市型建筑材料 有运动健身设施和休息座椅	同上

村庄整洁度评分表

评价要素	评价参考维度	综合分值
道路、街巷	路面平整无坑洼 道路边界清晰 路面无杂草、垃圾或浮土 车辆无乱停乱放	1~10 分 1 分（最差） …… 10 分（最好）
其他外部环境（树木、小花园、小菜园、小果园、小公园）	建筑无断壁残垣，无乱搭乱建 垃圾无乱埋乱倒 柴火杂物无乱堆乱放 车辆无乱停乱放	同上

示例图片：评分较高的各类要素

a. 村口

b. 村委会

c. 小广场

d. 街巷

e. 房屋

f. 道路

十三、县城全景照片打分评价指南

省级专家团队组织 5 名专家，由部级专家团队给 5 名专家各发送一份文档，其中包含 15 个样本县的县城全景图链接和 1 份评分表。专家需要点击链接，查看县城全景图，对县城建设与自然环境协调度进行评分。

每位专家对县城全景图从 10 个维度按 1~10 个等级进行打分，1 分为最低分，10 分为最高分。评分维度参考下表。

县城建设与自然环境协调度评分表

评价维度	分值	备注
1. 河流两岸有公园、广场等开敞空间；河流与山体关系保持协调		如果没有河流，填"-1"
2. 山体未被高楼遮挡，不存在挖山建房状况，建筑高度与山体高度相协调		如果没有山体，填"-1"
3. 周边山水能够引入县城		如果没有山体，填"-1"
4. 拥有明显的绿廊、风廊等廊道		
5. 县城建筑布局有序，建筑以6层以下建筑为主，不存在大量18层以上的高层建筑		
6. 具有活力的人民群众活动广场		
7. 老城传统肌理保护良好		
8. 拥有明显的传统建筑、标志性建筑		
9. 街区以"窄马路，密路网，小街区"为主		
10. 沿街绿化效果显著		

十四、示例图片：评分较高的照片

参考文献

[1] 王春光. 乡村建设与全面小康社会的实践逻辑[J]. 中国社会科学, 2020（10）: 24.

[2] 郑大华. 民国乡村建设运动研究[M]. 北京: 社会科学文献出版社, 2000.

[3] 萧子扬. 迈向 2035 的乡村建设行动: 何谓、为何与何为? ——基于百年乡村建设连续统的视角[J/OL]. 农林经济管理学报, 2021, 20（1）: 1-9.

[4] 王伟强, 丁国胜. 中国乡村建设实验演变及其特征考察[J]. 城市规划学刊, 2010（2）: 79-85.

[5] 潘家恩, 温铁军. 三个"百年": 中国乡村建设的脉络与展开[J]. 开放时代, 2016（4）: 126-145.

[6] 王先明, 熊亚平. 近代中国乡村建设思想的释义问题[J]. 南京社会科学, 2016（4）: 6.

[7] 段德罡, 谢留莎, 陈炼. 我国乡村建设的演进与发展[J]. 西部人居环境学刊, 2021, 36（1）: 9.

[8] 叶露, 黄一如. 设计再下乡改革开放初期乡建考察（1978—1994）[J]. 建筑学报, 2016（11）: 6.

[9] 丁国胜, 王伟强. 现代国家建构视野下乡村建设变迁特征考察[J]. 城市发展研究, 2014, 21（10）: 107-113.

[10] 徐勇. "回归国家"与现代国家的建构[J]. 东南学术, 2006（4）: 18-27.

[11] 贺聪志, 李玉勤. 社会主义新农村建设研究综述[J]. 农业经济问题, 2006.

[12] 吴理财. 基层干群眼中的美丽乡村建设: 安吉、永嘉、高淳三县区问卷调查[J]. 党政干部学刊, 2014（7）: 9.

[13] Sitakanta Panda.Political Connections and Elite Capture in a Poverty Alleviation Programme in India[J]. The Journal of Development

Studies, 2015 (1): 50.

[14] 周雪光. 项目制: 一个"控制权"理论视角 [J]. 开放时代, 2015 (2): 5, 82-102.

[15] 黄宗智, 龚为纲, 高原. "项目制"的运作机制和效果是"合理化"吗? [J]. 开放时代, 2014 (5): 17.

[16] 管兵. 项目理政: 县域治理激励机制的视角 [J]. 社会科学研究, 2021 (2): 49-57.

[17] 刘怀玥. 控制权理论视角下美丽乡村建设项目制运行问题研究 [D]. 长春: 东北师范大学, 2022.

[18] 冀云阳, 付文林. 项目制治理模式与地方政府债务扩张 [J]. 财经研究, 2018, 44 (10): 38-52.

[19] 折晓叶. 县域政府治理模式的新变化 [J]. 中国社会科学, 2014 (1): 121-139, 207.

[20] 金其铭. 我国农村聚落地理研究历史及近今趋向 [J]. 地理学报, 1988 (4): 311-317.

[21] 周国华, 贺艳华, 唐承丽, 等. 中国农村聚居演变的驱动机制及态势分析 [J]. 地理学报, 2011, 66 (4): 515-524.

[22] 鲁西奇. 买地券所见宋元时期的城乡区划与组织 [J]. 中国社会经济史研究, 2013 (1): 23.

[23] 周扬, 黄晗, 刘彦随. 中国村庄空间分布规律及其影响因素 [J]. 地理学报, 2020, 75 (10): 2206-2223.

[24] 李郇, 许伟攀, 黄耀福, 等. 基于遥感解译的中国农房空间分布特征分析 [J]. 地理学报, 2022, 77 (4): 835-851.

[25] 张京祥, 张小林, 张伟. 试论乡村聚落体系的规划组织 [J]. 人文地理, 2002 (1): 85-88, 96.

[26] 施坚雅. 中国农村的市场和社会结构 [M]. 北京: 中国社会科学出版社, 1998.

[27] 刘彦随, 张紫雯, 王介勇. 中国农业地域分异与现代农业区划方案 [J]. 地理学报, 2018, 73 (2): 203-218.

[28] 杨忍, 刘彦随, 龙花楼, 等. 中国乡村转型重构研究进展与展望: 逻辑主线与内容框架 [J]. 地理科学进展, 2015, 34 (8):

1019-1030.

[29] 吕宾. 乡村振兴视域下乡村文化重塑的必要性、困境与路径 [J]. 求实, 2019（2）: 97-108, 112.

[30] 王勇, 李广斌. 基于"时空分离"的苏南乡村空间转型及其风险 [J]. 国际城市规划, 2012, 27（1）: 53-57.

[31] 龙花楼, 屠爽爽. 论乡村重构 [J]. 地理学报, 2017, 72（4）: 563-576.

[32] 房艳刚, 刘继生. 基于多功能理论的中国乡村发展多元化探讨: 超越"现代化"发展范式 [J]. 地理学报, 2015, 70（2）: 257-270.

[33] 杨春宇, 胡鸿保. 弗里德曼及其汉人社会的人类学研究: 兼评《中国东南的宗族组织》[J]. 开放时代, 2001（11）: 124-127.

[34] 王德福. 组织起来办小事: 理解农村集体制的一个视角 [J]. 新建筑, 2018（5）: 4.

[35] 崔功豪, 马润潮. 中国自下而上城市化的发展及其机制 [J]. 地理学报, 1999, 54（2）: 10.

[36] 陶然, 徐志刚. 城市化, 农地制度与迁移人口社会保障: 一个转轨中发展的大国视角与政策选择 [J]. 经济研究, 2005（12）: 12.

[37] 温铁军. 中国小农经济拥有西方无法替代的优越性 [J]. 中国乡村发现, 2016（2）: 72-77.

[38] 吴良镛. 中国人居史 [M]. 北京: 中国建筑工业出版社, 2014.

[39] 黄宽重. 从中央与地方关系互动看宋代基层社会演变 [J]. 历史研究, 2005（4）: 100-117, 191.

[40] 彭蓉. 中国孔庙研究初探 [D]. 北京: 北京林业大学, 2008.

[41] 李郇, 殷江滨. 劳动力回流: 小城镇发展的新动力 [J]. 城市规划学刊, 2012（2）: 7.

[42] 宋濂, 等. 元史·刘秉忠传 [M]. 北京: 中华书局, 1976.

[43] 林毅夫. 制度、技术与中国农业发展 [M]. 上海: 生活·读书·新知三联书店, 1992.

[44] 莫里斯·弗里德曼. 中国东南的宗族组织 [M]. 刘晓春, 译. 上

海：上海人民出版社，2000.

[45] 董必武选集[M]. 北京：人民出版社，1985.

[46] 李肇娥，赵海春，李铜英. 城乡空间统筹在县城总体规划中的实践：以米脂县城总体规划为例[J]. 城市规划，2009，33（7）：74-77.

[47] 余学明. 中国省级政府经济职能研究[J]. 中国行政管理，2006（1）：46-50.

[48] 朱旭峰，赵慧. 政府间关系视角下的社会政策扩散：以城市低保制度为例（1993—1999）[J]. 中国社会科学，2016（8）：95-116，206.

[49] 彭舒，陈军，任惠茹，等. 面向SDGs综合评估的指标本地化方法与实践[J]. 地理信息世界，2022，29（4）：48-55.

[50] OECD. Green Growth Strategy Interim Report: Implementing Our Commitment for a Sustainable Future. Paris: OECD, 2010.

[51] Popp, D. The Role of Technological Change in Green Growth. New York: Center for Policy Research, The Maxwell School, Syracuse University, 2011.

[52] 郑起焕. 韩国新村运动的推进背景及成果[M]// 中国的新农村建设与韩国的新村运动：2006年中韩经济合作研讨会文集. 北京：中国计划出版社，2006.

[53] 韩国农村经济研究所，2019年民意调查结果，2019.（韩文）
Department of the Environment, Transport and the Regions（2000）Our Countryside: The Future – A Fair Deal for Rural England（Rural White Paper）.

后记

乡村建设评价是一项探索性、创新性的工作，对乡村建设评价的理论与方法进行总结也是一项具有挑战性的任务。编写组结合2019—2023年深度参与全国乡村建设评价的实践工作，尝试对乡村建设评价的内涵、评价体系、工作体系和组织体系等进行梳理和总结，供大家批评指正。

本书由中山大学中国区域协调发展与乡村建设研究院承担编写，主要撰写人是李郇、陈伟、黄耀福、郑莎莉、许伟攀、潘沐哲、陈銮、邓伟环、谷宇、陈金凤等。李郇等对全文及插图进行了统稿。研究院的李敏胜、秦小珍、李筠筠、龙晔、陈怡帆等也做了一些工作，同时住房和城乡建设部科技与产业化发展中心、清华大学和北京建筑大学的老师和同学们也参加了全国乡村建设评价工作，他们的成果在本书中都有所反映。住房和城乡建设部村镇建设司协助指导本书编写工作。在编委会指导下，编写组开展了多轮讨论，在此一并对全体参与本书编写工作的同仁表示感谢。

由于时间限制，本书难免有错漏，欢迎各方人士提供修改意见或建议，我们会根据意见进行逐步完善，以期为绿色发展下我国乡村建设评价工作的开展提供更多有益的思考与探讨。

李郇

2023年4月23日